国防科技战略先导计划支持

国防视域科技热词

SCIENCE AND TECHNOLOGY BUZZWORDS FROM THE PERSPECTIVE OF NATIONAL DEFENSE

词语视点洞见前沿科技与未来战争

赵超阳 蔡文蓉 主编

国防工业出版社 | 北京

图书在版编目（CIP）数据

国防视域科技热词 / 赵超阳，蔡文蓉主编 . -- 北京：国防工业出版社，2024.1

ISBN 978-7-118-13078-2

Ⅰ. ①国… Ⅱ. ①赵… ②蔡… Ⅲ. ①国防科学技术-名词术语 Ⅳ. ① E115-61

中国国家版本馆 CIP 数据核字（2023）第 226207 号

国防视域科技热词

赵超阳 蔡文蓉 主编

责任编辑 崔艳阳

封面设计 王 磊

出版发行 国防工业出版社

社　　址 北京市海淀区紫竹院南路 23 号

电　　话 010-88540777

网　　址 www.ndip.cn

印　　刷 北京富博印刷有限公司

开　　本 710×1000 1/16

印　　张 10.25

字　　数 155 千字

版　　次 2024 年 1 月第 1 版

印　　次 2024 年 1 月第 1 次印刷

印　　数 1—10000 册

定　　价 88.00 元

编写组成员

（按姓氏笔画排序）

丁　宏	马建龙	王　华	王　勇	王定杰	王鑫运
亢春梅	方　芳	邓　正	卢胜军	田昌海	边文越
刘　婧	刘文平	许儒红	李　硕	李　静	李加祥
李贵根	李铁成	杨亚超	肖晓军	宋　晖	张　弛
张　音	张代平	陈红松	林　伟	林旭斌	周秋菊
赵超阳	郝继英	胡晓睿	段异兵	袁有雄	栗　琳
贾　平	贾冰岳	夏凌昊	党亚娟	徐　可	徐劲松
梁晓莉	颉　靖	谢冰峰	赖　凡	蔡文君	蔡文蓉
魏俊峰					

习近平总书记强调：“科技创新、科学普及是实现创新发展的两翼，要把科学普及放在与科技创新同等重要的位置。”

当前，全球科技蓬勃发展，新学科方向不断诞生，技术前沿迅速延展，各领域相互渗透融合，技术从来没有像今天这样深刻地改变着世界的面貌，影响着国家的命运。随着科技领域新概念、新理论、新技术的不断问世，反映科技最新发展和前沿技术交叉成果的词汇相继涌现，编撰《国防视域科技热词》一书就是为了适应时代要求，帮助读者理解那些跨领域跨行业的新事物。

科技类热词有很强的时代性。本书基于数据、依靠专家，选出了当前 38 个科技类热词，并给予通俗解释，以帮助读者理解前沿科技热点、学习前沿科技知识。作者诠释科技“热”词时，虽然文字不多，但在阐述一个热点、一种现象、一类事物的同时，能反映出科技影响人们认知、推动社会发展的时代缩影。

恩格斯说：“一旦技术上的进步可以用于军事目的并且已经用于军事目的，它们便立刻几乎强制地，而且往往是违反指挥官的意志而引起作战方式的改变甚至变革。”本书在介绍每个新词的概念内涵、发展演化、相关成果的同时，还特别介绍了相关技术在国防领域的潜在应用和影响。从国防视角进行探讨，以期见之未萌，识之未发，是本书与同类作品的一大不同之处。

相信本书能够成为广大读者了解科技热点的一扇窗、进军科技前沿的一叶舟，为推动我国科普事业发展添砖加瓦。

中国工程院院士

2023 年 12 月 5 日

前言 preface

Science and Technology Buzzwords from the Perspective of National Defense

当前，新一轮科技革命和产业变革正在孕育兴起，全球科技创新进入密集爆发期，前沿科技不断取得重大突破，各领域反映新概念、新理论、新技术的热词层出不穷。国防领域对这些前沿科技非常敏感，如何见之未萌、识之未发，探察前沿科技热点在国防领域的潜在应用和发展影响，是人们非常关注的话题。结合相关研究任务，我们从国防视角，对前沿科技主要领域出现的新词、热词开展了分析研究和通俗解读，初步积累形成这本小册子，以期为大家认识理解前沿科技热点与未来战争发展提供学习研究参考。

本书收录的热词通过大数据技术挖掘筛选、国内外知名科技机构（社团）年度榜单遴选、多轮次专家研讨推荐而来，涵盖人工智能、量子科技、材料制造、能源动力、航空航天、生物交叉等领域。每个热词内容一般不超过 2000 字，按照我们研究提出的“引入－概念－机理－应用－影响”（ICMAI）框架研究撰写。其中：引入部分通过热点事件说明性质、地位、作用等；概念部分主要对热词基本概念和内涵进行阐述；机理部分主要是对热词所包含的理论、原理、技术、功能等进行解释；应用部分主要介绍演进过程中在经济、安全、军事等领域应用情况；影响部分主要介绍发展趋势及对未来战争的影响。同时，增设知识链接、延伸阅读、典型案例等，丰富表现形式，扩展正文内容。

本书既是科技前沿认知的研究成果，也是科技前沿阐释的科普作品，应和了《“十四五”国家科学技术普及发展规划》相关内容。该规划提出，“聚焦科技前沿开展针对性科普。针对新技术新知识开展前瞻性科普，促进公众理解和认同，推动技术研发与应用。面向关键核心技术攻关，聚焦国家科技发展的重点方向，强化脑科学、量子计算等战略导向基础研究领域的科普”。“对标新时代国防科普需要，持续提升国防科普能力，更好为国防和军队现代化建设服务”。前沿科技是塑造未来社会的重要力量，也是构筑国防安全、赢得未来战争的关键要素。可以预见，未来战争必定是先进科技支撑、科技素养奠基的战争，科技作为核心战斗力的价值作用将越发凸显。本书紧盯前沿科技之变，眺瞻未来战争之变，把国防科普与科技创新进行映射，进而为科技型国防、创新型军队建设服务。

本书得以完成，靠的是众多一线科研工作者的专业、严谨和无私。中国电子科技集团公司发展规划研究院、第七研究所、第十四研究所、第二十四研究所、第四十九研究所，国家工业信息安全发展研究中心，中国航天系统科学与工程研究院，中国航空发动机集团公司航空材料研究院，中国兵器工业集团公司第二一〇研究所，中国航天科工集团公司第三研究院第三一〇研究所、第三十一研究所，中国科学院科技战略咨询研究院、物理研究所、北京纳米能源与系统研究所、西安光学精密机械研究所，北京科技大学，战略支援部队航天工程大学，军事科学院国防科技创新研究院、军事医学研究院、军事科学信息研究中心等单位众多专家参与撰写。为了打磨形成精品，我们在专业研究成果基础上，多次集中修改，力求通俗不失严谨、专业兼顾易读。期间，作者团队经常为一句表述从不同角度来回斟酌，为一个数据多方查询求教，每一篇字容虽小，但大家心有敬畏，不厌其改，追求精益，始得呈稿。

本书能够出版，得益于众多名师大家、领导专家对热词研究和国防科普的热忱与情怀，以及对撰写人员的扶掖与厚爱。研究过程中，我们有幸邀请到 20 多位院士、著名专家参与审稿，以确保热词解读的科学性、准确性。全书成稿后，卢锡城院士热情鼓励并欣然作序，孙昌璞院士、包为民院士、苏哲子院士、苏东林院士以及杜志岐老师在百忙之中审阅样书并点评推荐。此外，本书撰写还得到了苏晋、许儒红、王兵、耿国桐、李杏军、刘林山、赵相安、吕彬、王三勇、苗壮、雷帅等领导和同事的热情指导与大力支持，国防工业出版社王鑫主任、崔艳阳编辑精心设计，专业打造，为本书出版尽心竭力。在此一并表示衷心感谢！

需要说明的是，新概念、新理论、新技术发展迅速，很多热词的内涵仍在演进之中，本书内容仅为撰写时的情况和认识。本书在撰写过程中，参考了大量中外文相关资料，吸收了一些专家学者的研究成果，同时还引用了一些公开图片，不能一一标明出处，在此表示诚挚的谢意！因时间仓促，本书难免存在疏失之处，敬请各位读者批评指正。

赵超阳　蔡文蓉

2023 年 12 月

目录 contents

Science and Technology Buzzwords from the Perspective of National Defense

BUZZWORDS

目录 contents

词语视点洞见前沿科技与未来战争

在与日常生活紧密相关的经典物理中，用来描述一个物体位置、速度等的物理量是确定的，物体的状态也是确定的。但在电子、光子等基本粒子所构成的微观世界中，就不再遵从经典物理的特性，而是呈现出不确定性、叠加性、纠缠性等不同寻常的量子特性。人们利用这些量子特性，开辟形成量子计算、量子保密通信等新的技术领域。其中，量子计算是最重要的应用之一，有望实现类似电子计算机对算盘这样的代差运算能力，堪称计算领域具有颠覆性的重大技术。

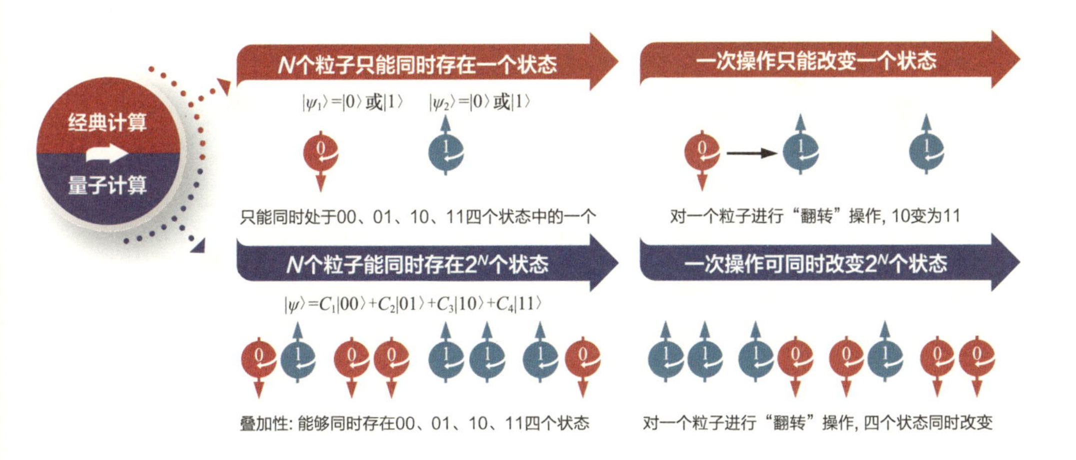

量子叠加性示意图

量子计算是借助量子态的叠加特性实现高速并行运算的新一代计算技术，有望实现类似电子计算机对算盘的代差运算能力。

量子计算是借助量子态的叠加特性实现高速并行运算的新一代计算技术。比特（bit）是计算机存储信息的基本单位。传统计算机使用的是二进制，比特表示“0”或“1”中的一种状态，在量子计算中，作为量子信息单位的是量子比特，量子比特具有量子特性。基于量子叠加性原理，一个量子比特可以同时处于“0”状态和“1”状态，操纵 1 个量子比特可同时操纵“0”和“1”两个状态，操纵 N 个量子比特，可同时操纵 2^N 个状态，即 N 个量子比特的叠加态能够同时编码 2^N 个数的信息，且仅通过一次操作就能实现所编码 2^N 个数的并行运算。量子计算机就是以量子比特作为信息编码和信息存储基本单元的计算装置，它能使计算能力呈指数级增长。比如，50 个理想量子比特的量子计算机在玻色采样等问题求解能力上，可超越计算能力达到亿亿次的“天河二号”超级计算机。

量子计算和量子计算机概念由美国物理学家费曼于 1982 年提出。20 世纪 90 年代，量子计算开始成为计算领域的关注重点。进入 21 世纪，美国、欧洲相继设立专项计划加速量子计算研究。量子计算机可以在光量子、电子、离子、超导、拓扑结构等物理系统中实现，但是迄今哪种物理系统具有优势尚无定论。目前，研究热点集中在超导物理系统中。量子计算机可分为专用量子计算机和通用量子计算机。专用量子计算机又称量子模拟机，只能运行某种特定算法，解决某种特定问题，加拿大 D-Wave 公司在专用量子计算机领域处于领先地位，该公司 2018 年利用专用量子计算机完成了材料仿真。通用量子计算机可运行不同的量子计算算法，可解决经典计算机无法解决的若干问题，现尚在研发之中。当前，美国、欧洲、日本等国家和地区积极参与大规模通用量子计算机研发，美国 IBM 公司 2017 年底研制出 50 个超导量子比特量子处理器原型，谷歌公司 2018 年率先研制出 72 个超导量子比特的量子处理器原型，具备一定的初步计算能力。美国军方也不断加强量子计算领域的开发应用，2022 年以来美国国防高级研究计划局（DARPA）先后设立“量子启发经典计算”“未开发的实用规模量子计算系统”“公用事业规模量子计算系统”等项目；美国陆军、空军也设立了“量子效用探索中心”“复杂电子与基础量子处理”等项目。

尽管量子计算运算速度极快，但目前还存在诸多技术难点，最大难点在于如何实现数量更多、稳定性更高的量子比特，因为微观世界中量子态极不稳定，要在低温环境下进行控制性操作，将信息编码其中，对操作技术的要求非常高。另外，还存在成本高、工程化难度大等问题。量子计算走向实用，还有很长的一段路。

量子计算在数据处理、人工智能、生物医药、材料制造等领域都有着广泛的应用前景，对军事领域也有着重要影响，如：可实时处理来自卫星、雷达、飞机等侦察装备的海量情报数据，提高战场信息流处理效率；有效支撑复杂密码破译，快速破译敌方密码系统；为武器装备、核爆炸等复杂模拟仿真提供强大计算支撑，缩短先进复杂武器装备预研周期、降低成本；与人工智能、大数据技术融合，提高战场态势感知和决策能力。

知识链接

KNOWLEDGE LINK

量子信息系统

光子、电子、中子、质子、原子等微观粒子，都遵循量子力学规律，具有量子属性。量子信息技术应用于信息获取、信息存储、信息传递、信息处理、信息使用等过程，将经典信息技术形态量子化，形成的信息系统称为量子信息系统。与传统电子信息系统相比，量子信息系统具有更加丰富的信息量、更加快速的信息处理能力以及更强的信息安全性等特征。量子信息系统主要涉及三个专业方向：量子通信、量子计算、量子精密测量。在这些专业方向上，主要有量子密钥分发、量子隐形传态、量子通用计算、量子模拟、量子导航、量子成像、量子探测、量子器件等多项核心技术。

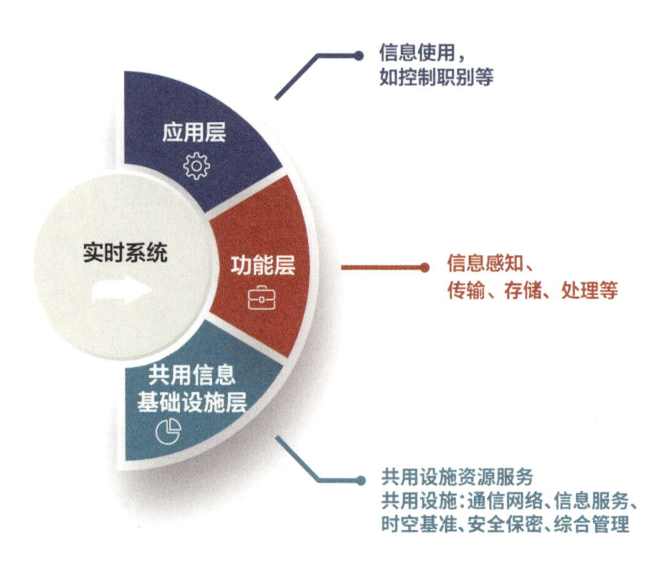

量子信息系统架构概念图

时间晶体

时间晶体（Time Crystal）是诺贝尔物理学奖得主、美国人弗兰克·维尔泽克（Frank Wilzcek）在2012年首次提出的一种全新的物质概念，有望在高性能原子钟、超精密军用探测与传感、量子计算等领域产生重大影响，已成为美国、德国、日本等国前沿科学研究的热点。

时间晶体与传统晶体截然不同，传统晶体（如石英晶体）是一种三维物质，其内部原子在空间上规则排列，结构有序，富有规律。而时间晶体之所以有其名，主要是其内部结构会在时间维度上发生周期性变化，形成时间上的周期性结构。假定用激光去轰击某种材料中的原子，那么原子可能会从一种初始状态翻转到另外一种状态，接着再翻转回来，如此循环往复，呈现周

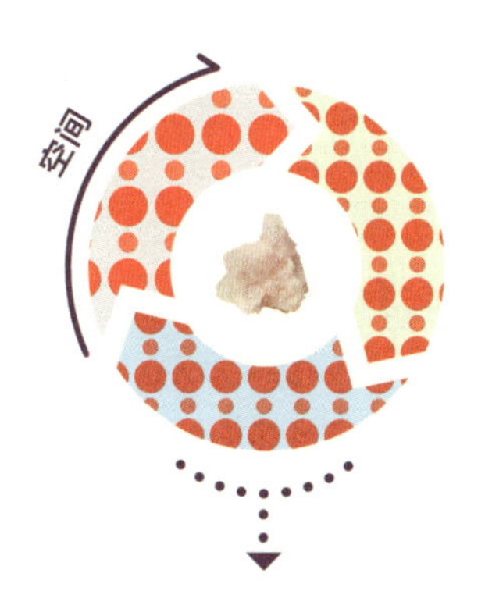

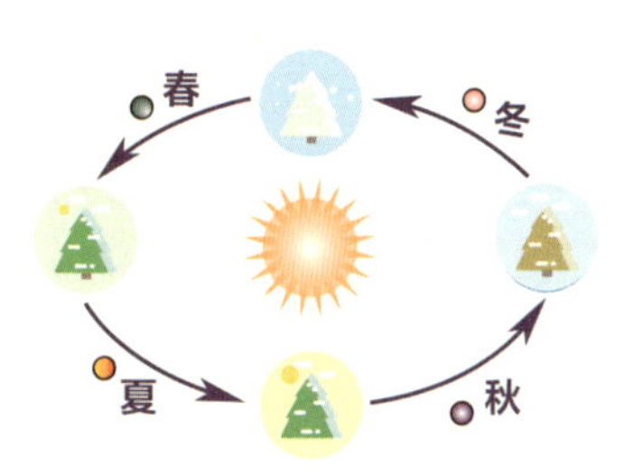

时间晶体与传统晶体结构示意图

时间晶体是 2012 年首次提出的一种全新的物质概念，其内部结构会在时间上发生周期性变化。

期性变化，形成时间晶体。这就好比 2008 年北京奥运会开幕式上的“活字印刷术”表演，演员方阵开始演出前的固定队形或状态类似于传统晶体，演出中队形或状态周而复始的变化就类似于时间晶体。

时间晶体具有以下特点：一是需要外部初始驱动。时间晶体内部微观结构的周期性变化需要在电磁脉冲等外部驱动下产生，但时间晶体内部结构变化的周期与驱动周期不一样，是驱动周期的整数倍。二是不消耗能量。时间晶体内部结构周期性变化的状态就是其稳定的最小能量态。也就是说，时间晶体内部微观结构的有规律的重复运动不消耗任何能量，不违背能量守恒定律，这被称为时间上的自发对称性破坏。三是处于非平衡态。宇宙中多数物质都处于平衡态，在没有能量、不受力的情况下无法进行任何运动。或者说，平衡态物质耗费能量最少的状态就是“一动不动”的状态。而时间晶体在不受外力的作用下内部组成粒子仍是周期性运动状态，可以把时间晶体理解为区别于“动态”与“静态”之外的“颤态”。时间晶体甚至能够在绝对零度附近保持这种微观结构的周期性运动。

时间晶体的概念自提出以来就引发了广泛关注和深入研究。2012 年 7 月，美国加州大学伯克利分校率先提出一种时间晶体的设计方案。2017 年，美国马里兰大学利用离子阱中的 10 个镱离子首次创造出时间晶体。研究人员首先使用一台激光器轰击镱离子产生有效磁场，并用另一台激光器使原子自旋

离子阱

像科学家设计的一个“井”，是一种将离子通过电磁场限定在有限空间内的装置，其原理是：利用电荷与电磁场间的交互作用来牵制带电粒子的运动，将其局限在某个小范围内。

部分翻转，然后多次重复这一过程，使原子逐渐形成一种稳定的、周期性的自旋翻转状态，自旋翻转的周期是驱动周期（即激光脉冲周期）的 2 倍，这在传统意义上是难以实现的。随后，哈佛大学创造出规模更大的稳定时间晶体。2018 年 5 月，耶鲁大学科研人员利用核磁共振技术研究晶体时发现，普通的磷酸一铵晶体中有时间晶体存在的迹象。2021 年 7 月，谷歌公司等多家机构成功利用量子计算机演示了时间晶体，有望为量子计算领域带来新突破。美国空军和陆军相关研究机构以及 DARPA 也对时间晶体研究进行了多项资助，德国、韩国、日本等国均在开展相关研究。

根据目前的研究进展和相关科学家的初步判断，时间晶体是量子系统的优选材料，可使量子系统的性能提高 10 ~ 100 倍。这是因为，量子系统对周围环境非常敏感，轻微的热、电磁或其他干扰都会使它失去**量子相干性**。而时间晶体对于环境扰动不敏感，能够始终保持相干性，量子相干时间与现有量子系统相比延长 10 倍以上。利用时间晶体可延长量子传感或信息处理设备中自旋系统的多体相干时间，以及系统对抗扰动的稳健性，实现超精密军用探测与传感，特别适用于隧道和洞穴探测。当前世界上最好的精密计时原子钟需要将原子冷却至接近绝对零度，并利用激光使冷却的原子静止，不受邻近原子影响。时间晶体对环境扰动的不敏感性可运用于高性能原子钟，能够大幅提高导航和通信系统性能。

量子相干性

在量子力学中，“相干性”是量子体系最重要的性质。相干性来自粒子的波动性，有波动才有相干，类似于光波的干涉。中文“相干”的意思就是相关，指两个变化的物理量之间存在一定的关联。变化的物理量（或波动的物理量）之间变化同步，或者说存在比较固定的相位差，即为相干。在真实的物理过程中，不能完全保证相干性。这正是量子科学研究面临的最大挑战。

目前，时间晶体的研究还处于理论研究和实验室概念验证阶段，科学家只是在微观尺度上创造出时间晶体，要实现真正意义上的应用还有很长的路要走。未来，通过深入理论研究，拓宽技术实现途径，有望利用时间晶体开发出更先进的硬件，延长量子相干时间，为精密计时、量子计算、量子探测等领域带来革命性突破，对军用导航、探测、传感、通信等领域产生重大影响。

TYPICAL CASE

DARPA 设立专项探索时间晶体军用潜力

DARPA 国防科学办公室在 2018 年 1 月设立一个基础研究项目，名为“受驱动的非平衡态量子系统”（DRINQS），旨在探索研究量子技术领域新出现的时间晶体及相关理论，利用以时间晶体为代表的受驱动量子系统的量子相干性，将军用传感器等设备性能提高 10 ~ 100 倍。

该项目为期 42 个月，包括 3 个技术领域：一是通过驱动自旋系统（离子、磁性材料等）脱离平衡态来增强自旋系统的量子相干性及其国防应用潜力；二是利用电磁场驱动材料产生强相关相，并延长这些相态的寿命；三是研究其他受驱动的系统。项目经理指出，该项目“有可能产生重大成果，并转化为国防应用”，大幅改进计时、战场感知和量子信息处理等系统的性能。

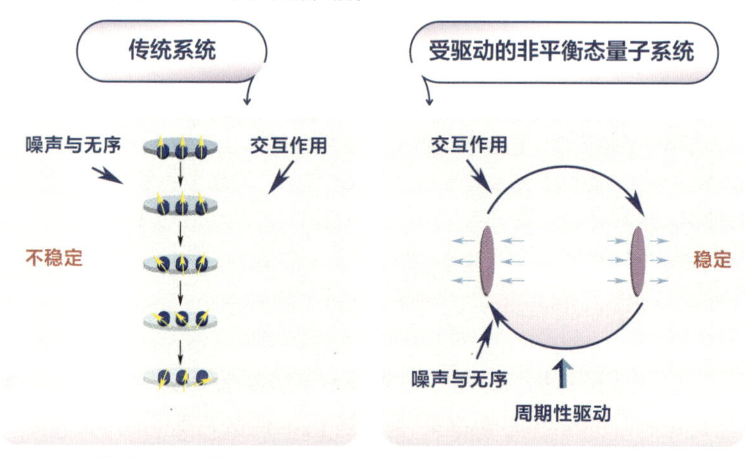

典型量子系统与受驱动的非平衡态量子系统对比示意图

神经形态计算是模拟生物脑而发展的一类新型计算系统，可在计算能耗、计算能力、计算效率等方面实现大幅改进。

03 神经形态计算

随着人工智能、移动互联、数字技术等的迅猛发展，计算机需要处理的数据量越来越大，对计算效率的要求越来越高，传统冯·诺依曼结构计算机系统由于“存储墙”“功耗墙”等瓶颈问题的限制，越来越难以适应智能化的需求。科学家从脑的功能结构及信息处理方式上得到启发，正在研究不同于冯·诺依曼结构的神经形态计算（Neuromorphic Computing）技术。

冯·诺依曼结构

现代计算机的体系结构由美籍数学家冯·诺依曼提出。其重要的特点在于运算器和存储器分离，程序存放在存储器中，数据从输入端进入存储器，而后传入运算器，运算后的结果再返回存储器后输出。存储器的访存带宽直接限制了冯·诺依曼体系计算机的整体性能，也就是“存储墙”。

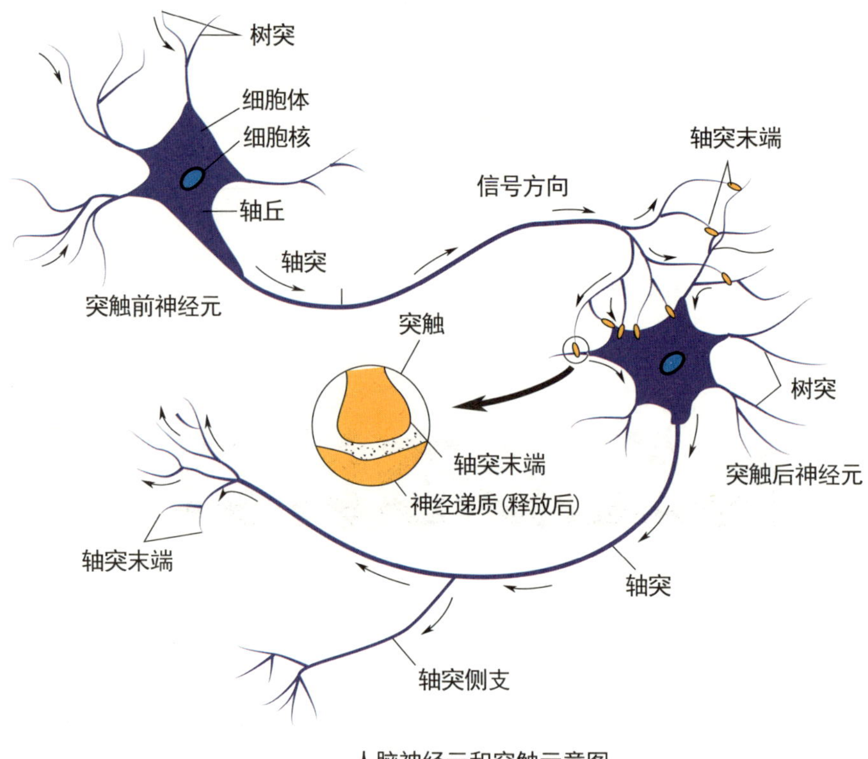

人脑神经元和突触示意图

大脑由众多神经元通过突触联结组成神经元网络，神经元是主要信号处理单元，突触是神经元之间联络的主要通道，同时通过学习过程中神经元网络之间联系的强度改变而存储信息。神经元网络同时完成计算与存储，类似于带有存储器的运算器，实现了"存算一体"。人脑拥有 860 亿～1000 亿个神经元，神经突触的数量也达到了惊人的 100 万亿。人脑的运算速度和能耗均大幅优于现有普通计算机。

神经形态计算是模拟生物脑而发展的一类新型计算系统，在硬件实现、软件算法等多个层面，借鉴神经元及其网络的结构与信息处理规律，对现有的计算体系与系统做出根本变革，从而在计算能耗、计算能力、计算效率等方面实现大幅改进。神经形态计算涉及材料科学、神经科学、电子工程和计算机科学等多个领域，其技术内涵包括对大脑信息处理原理的深入理解，在此基础上开发新型处理器、算法和系统集成架构。其中，从物理层面实现突触和神经元功能的器件研究，是神经形态计算发展的底层硬件基础。芯片是神经形态计算最关键的器件；而忆阻器可能成为神经形态芯片的关键基础单元，也是目前神经形态芯片研究的一个热点。

神经形态计算概念由美国加州理工学院教授卡弗·米德（Carver Mead）于 20 世纪 80 年代提出，其应用潜力巨大，得到了主要国家和地区的高度关注。早在 2008 年，DARPA 就启动了 SyNAPSE 计划，部署研发新型神经形态自适应可塑电子芯片和器件。随后，美国政府、半导体行业协会、国家科学基金会等相继出台多个有关神经形态计算技术发展的政策或规划。2013 年，欧盟启动了“人脑计划”（HBP），将神经形态计算作为核心内容。

近年来，神经形态计算研究取得巨大进展。2014 年，美国科技巨头国际商用机器公司（IBM）发布的神经形态计算芯片“真北”，是第一款能够实现商业级应用的芯片，并被《科学》杂志评为当年十大科学突破之一。2017 年，美国科技巨头英特尔（Intel）公司研发的“Loihi”神经形态芯片，在特定运算应用中可比传统 CPU 速度快 1000 倍，能效高 10000 倍。2019 年，Intel 通过集成 64 颗“Loihi”芯片，开发出名为“PohoikiBeach”的全新神经形态系统，已应用于自动驾驶、电子皮肤等产品。2019 年，我国清华大学研发出“天机芯”（Tianjic）神经形态芯片，已成功在一辆无人驾驶自行车上实现了实时视觉目标探测、自动过障和避障、自适应姿态控制等功能。

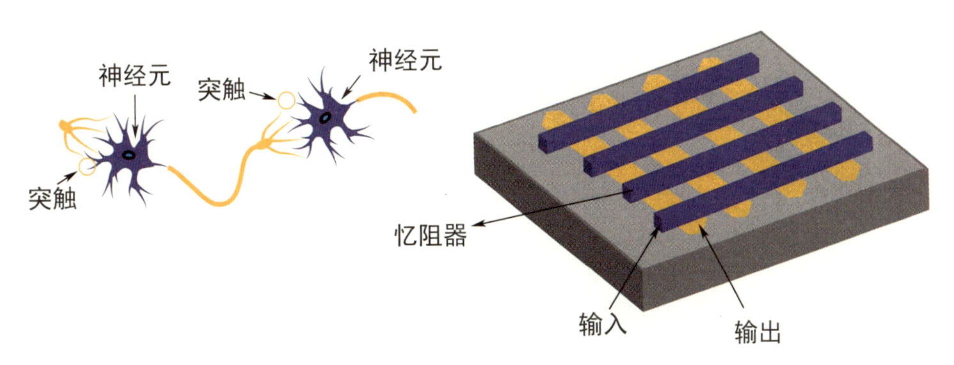

通过忆阻器阵列模仿神经元和突触的工作方式

美国军方在神经形态芯片研究和应用上进行了大量探索。DARPA 在神经形态芯片研究上的投入已超过 1 亿美元，IBM 的“真北”芯片即是其资助的研发成果。2019 年，空军研究实验室和 IBM 公司正式推出基于“真北”芯片的类脑超级计算机，可模拟大脑中 6400 万个神经元和 160 亿个突触进行数据处理，且功耗仅 40 瓦（相当于一枚家用电灯泡的功耗），被称为“世界上最大的神经形态数字突触超级计算机”。2020 年 4 月，空军研究实验室提出开发可部署的原型机，计划在 5 年内部署到无人机平台，为作战行动提供更强的数据分析和处理能力。

目前，神经形态计算整体上仍处于实验室研发、应用探索阶段，还面临着关键材料、芯片开发，神经元网络结构及系统算法设计等问题。未来，神经形态计算系统将具备高智能、低功耗、速度快、尺寸小等特点，可在智能感知、情报分析、大数据计算、辅助决策、高自主武器研发等领域发挥更大的作用。

知识链接

KNOWLEDGE LINK

忆阻器

忆阻器（Memristor）全称记忆电阻器，是一种具有记忆能力的电阻，被认为是快速实现存算一体化计算最具潜力的类突触器件。忆阻器概念由华裔科学家蔡少棠在 1971 年提出，2008 年由惠普公司首次完成硬件实现，被认为是电阻、电容和电感之外的第 4 种基本电路元件。

简单说，忆阻器是一种有记忆功能的非线性电阻。它使用强关联电子材料（如过渡金属氧化物、钙钛矿结构氧化物等），可通过电流的变化控制电阻阻值的变化：从一个方向对材料施加电压脉冲可使材料成为高阻值；从另一个方向施加电压脉冲则会使材料转变成低阻值。运用阻值高、低的两种状态可以存储数据。

忆阻器芯片被认为是能够突破摩尔定律的新方向，但目前大多数仍处于实验室验证阶段。我国在此方向有不少突破。2020 年，清华大学研发出全球首款多阵列忆阻器存算一体系统，大幅提升了计算设备的算力。2021 年，中国科学院宁波材料所推出了全光控忆阻器，为克服忆阻器的稳定性难题提供了一条全新途径。

04

非视域成像技术

传统成像技术是对人们视线内的物体进行观测成像，非视域成像技术（Non-line-of-sight Imaging）能够对视线外的物体进行拍照，是一种新兴的成像技术。相对于传统“所见即所得”的视线内成像，非视域成像技术能够让“视线拐弯”，从而实现“隔墙观物”，因此也被称为“盲区成像”或“拐角成像”。

日常生活中也有一些非视域成像典型应用，比如汽车的后视镜，但这属于被动式非视域成像，因为成像过程中的光源是环境光，具有依赖环境光、场景适应性低等局限性。目前，主流的非视域成像技术借助**单光子探测技术**，这是一种主动式非视域成像技术。单光子非视域成像也需要一面中介墙来发挥“镜子”的反射作用，其基本原理是，由脉冲激光器发射激光脉冲，同时光子计数模块记录发射时间，激光脉冲打在中介墙上发生第一次漫反射，其中少部分光子信号被反射到遮挡目标上并发生第二次漫反射，之后极少部分光子被反射到中介墙面，再发生第三次漫反射，返回到光学接收系统。光子计数模块就可以记录光子的总飞行时间，飞行时间和光速的乘积就代表光子的飞行距离。这样，通过大量的脉冲累积，就可以得到一个像素的

单光子探测技术

光具有波（电磁波）粒（光子）二象性，光子是传递电磁相互作用的基本粒子。单光子探测技术是在光子尺度对光信号进行探测、分析和处理的关键技术，广泛应用于量子学、荧光测量等领域，是光电检测技术领域的研究前沿。运用该技术的单光子探测器灵敏度远高于传统能量探测方式。

相对于传统“所见即所得”的视线内成像，非视域成像技术能够让“视线拐弯”，从而实现“隔墙观物”。

充分信息。在这个过程中，单个脉冲包含的光子由于距离的衰减和漫反射会越来越少，甚至消失，且单光子探测器对回波光子的探测也是概率事件（即使有光子返回，也有可能未被探测到），因此需要重复发射多个脉冲以获取足够的光子。再通过控制扫描镜对墙面进行栅格逐点扫描（比如成像分辨率需求为128×128，扫描栅格即为128×128）采集（也可以采用集成阵列的单光子探测器，这样可以大幅缩短采集时间，但是对应的成本也更高），最后经过专门定制的成像算法对信息进行处理，得到目标的三维结构图像。

单光子探测技术之所以能够助推非视域成像技术的发展，主要原因有两点：一是单光子探测器具有极高灵敏度，虽然携带目标信息的信号能量经过3次漫反射之后几乎仅为单光子级别，而探测器依然能够对这种极其微弱的回波信号进行探测；二是单光子探测技术具有极高的时间分辨率（皮秒级），意味

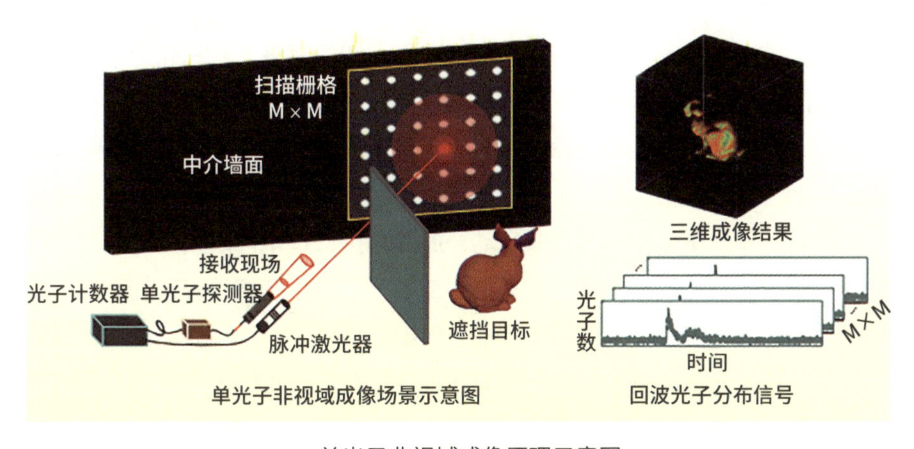

单光子非视域成像原理示意图

着测距误差可以达到微米级，从而保证了这种技术具有极高的成像精度。

非视域成像技术由麻省理工学院媒体实验室基尔马尼（Kirmani）等人在 2009 年提出。2012 年，该实验室采用超快探测设备第一次实现了非视域三维成像，验证了该技术的可行性。近 10 年来，美国威斯康星大学麦迪逊分校、斯坦福大学以及中国科学技术大学等知名机构在该领域成像算法和成像系统等方面都取得重大突破。2019 年，美国斯坦福大学教授大卫 · 林德尔（David Lindell）的论文展示了在室内环境中进行的实时非视域成像实验，对动态人物实现分辨率为 64×64 的动态成像（2 帧 / 秒）。2021 年，中国科学技术大学徐飞虎在著名期刊《美国国家科学院院刊》发表的论文显示，其实验成果将成像距离提升至 1.43 千米，进一步验证了单光子非视域成像技术对远距离目标成像的可行性。

单光子非视域成像技术目前还处于实验室探索阶段，其技术难点主要有：一是成像时间长，远距离带来的信号衰减或者强噪声环境会严重降低回波信噪比，通常需要较长的累积时间，另外分辨率提升也意味着扫描点数的增加，会急剧增加采集总时间（例如 1.43 千米非视域成像在分辨率为 64×64 时采集时间近 2 小时），这就导致当前动态或者实时的非视域成像只能在近距离、低分辨率下进行；二是系统成本高，单光子非视域成像技术所采用的高重频脉冲光源以及单光子探测设备价格都极为昂贵；三是成像算法复杂，多次漫反射导致的时空信息混杂，增加了算法开发难度，影响了成像质量。

非视域成像技术在军事侦察、搜索救援、智能驾驶、空间探索等领域具有重要的应用价值。军事侦察方面，在城市作战或复杂环境作战中，遮挡物较多时，可以利用非视域成像技术，采用可见光以外波段光源，对隐匿敌情进行侦察。搜索救援方面，比如在地震之后的灾难现场，建筑物被破坏后会形成很多死角，不便于展开搜救行动，此时采用该技术可以大大降低搜救员的工作难度。智能驾驶方面，现在很多交通事故发生在路口转弯的地方，如果采用该技术提前对路口盲区路况进行展现和提示，可以大大减少交通事故。空间探索方面，美国航空航天局正在探索将该技术用于月球的地质探测中，通过对月球表面的洞穴内部结构进行三维成像，判断其是否可以用来建设月球表面的驻留站。

TYPICAL CASE

斯坦福大学
提出“锁眼成像”方法

2021年，斯坦福大学计算成像实验室研究人员提出了“锁眼成像”方法——只需要一个小孔，如钥匙孔或窥视孔，就能“看”清封闭房间内的物体。“锁眼成像”的基本原理是，激光束穿过小孔，在房间内的墙上形成光点，激光会先后在墙上、房间物体上反射，无数光子最终通过小孔口反射回相机，相机通过单光子雪崩光电探测器测量光子的返回时间，然后利用成像算法构建物体图像。然而锁眼成像尚存在局限性，传统的逐点扫描方式通过改变扫描点的位置以获取不同“视角”下的目标信息，“锁眼成像”虽然省去了耗时的逐点采样过程，但需要利用目标的运动以获取信息，导致成像质量不高，存在“伪影”。

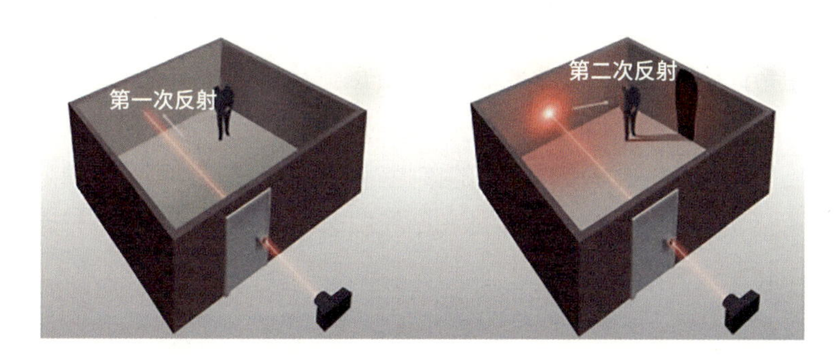

区块链

区块链是近年来高热度技术领域之一，被世界著名咨询企业麦肯锡公司认为是目前最有潜力触发颠覆式革命浪潮的核心技术之一。区块链的出现最初是为解决金融交易过程中的信任和安全问题，目前其影响已由金融扩展到工业、健康、文化、国防等领域。

区块链并不是一种单一的、全新的技术，它涉及数学、密码学、计算机科学等多个学科领域，是多种现有技术的集成创新。其核心技术主要有“区块 + 链”技术、基于去中心化协议的“分布式结构”技术、非对称加密算法、可编程“脚本”技术。本质上，区块链可以看成是一个分布式账簿，上面记载了所有交易数据，每个“区块”就是账簿的一页账目，记载多笔交易，具有唯一的时间戳，并按时间顺序有序连接，从而形成一条链，即“区块链”。每个区块由区块头和区块体两大部分组成，主要包含交易信息、哈希函数、随机数等内容。交易信息是区块所承载的任务数据，具体包括基于交易双方公钥哈希计算所生成的交易地址、交易的数量、数字签名等；每个区块包含前一个区块的哈希计算值，将本区块与前一个区块连接起来，实现过往交易的顺序排列；随机数是交易达成的核心，所有分布式节点竞争计算随机数的答案，最快得到答案的节点生成一个新的区块，并广播到所有节点进行更新，如此完成一笔交易记录。

区块链主要有四个特点。一是分布式。网络中的每个分布式节点间可自动存储并不断同步交易数据。理论上讲，除非所有节点都被破坏，否则数据永远不会丢失。二是自治性。网络中的各节点能够基于协商一致的共识机制，自动安全地验证并交换数据，具有自动执行、强制履约的优点。三是不可篡改。只要不控制全部网络节点的一半以上，就无法伪造数据记录。四是

区块链是多种现有技术的集成创新应用，目前其影响已由金融领域向工业、健康、文化、国防等领域扩展。

匿名性。虽然存储在区块链上的交易记录是公开的，但各账户身份信息隐匿，只有在数据拥有者授权后其他人才能看到。

在国防领域，美国 DARPA、海军、洛克希德·马丁公司等都在积极推动区块链技术的研发与应用。2016 年，DARPA 启动“安全消息平台”项目，计

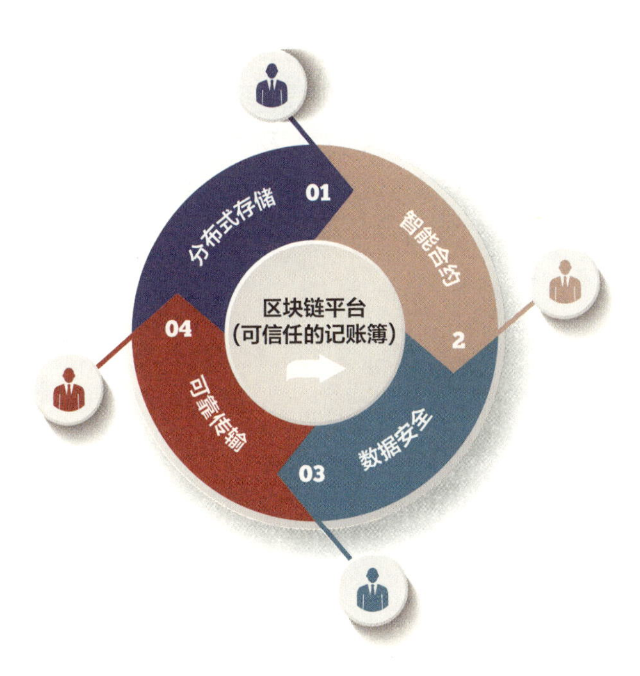

区块链技术安全优势示意图

划基于区块链技术的分布式、不可篡改等特性，为美国国防部开发一个通过网络或独立内置应用进行安全通信的平台，实现在任意时刻、任意地点的安全通信，保证通信数据难以被干扰或篡改。美国海军 2017 年开始在增材制造中试用区块链技术，以保证武器装备增材制造过程中数据共享的安全性。2017 年，洛克希德·马丁公司开始将区块链技术整合到系统工程、软件开发等关键业务流程中，在提高工作效率的同时，确保武器装备在设计、开发、生产、交付等关键环节的数据安全性和完整性，避免网络安全风险。2022 年，洛克希德·马丁公司和文件币（Filecoin）基金会宣布构建太空区块链网络，以支持该网络在太空中的长期存在。

区块链技术的军事应用目前仍处于探索阶段，但该技术未来一旦广泛应用，可对战场通信、国防关键网络基础设施、武器装备研制、军用物流等领域产生深远影响。如基于区块链的分布式、不可篡改等特性开发的通信系统，可确保复杂通信环境下重要信息的安全传输和溯源，甚至在直接通信受阻的情况下，也能确保指挥系统通过所有节点安全发布信息，保证部队与指挥系统之间的联系。再如，区块链能够提供系统或网络中数据真实性与完整性的验证服务，及时发现有关异常行为，及早锁定黑客对网络基础设施的入网刺探、数据窃取、后门安装等痕迹，避免网络基础设施出现更大损失，大幅提升国防关键网络基础设施的安全性。

知识链接

KNOWLEDGE LINK

比特币

比特币（BitCoin）是区块链的首个应用，与大多数货币不同，它是一种数字货币，不依靠特定货币机构发行，依据特定算法，通过大量的计算产生，其总数量被永久限制为 2100 万个，具有极强的稀缺性。比特币经济使用分布式网络节点来确认并记录所有的交易数据，分布式特性与算法本身可以确保人们无法通过大量制造比特币来人为操控币值，并使用加密算法来确保比特币流通各个环节的安全性和匿名性。比特币可以在一定场合和条件下使用，使用者可以用比特币购买一些虚拟物品，比如网络游戏中的装备；当然如果有人接受，也可以使用比特币购买现实生活中的物品。

06

软件定义技术

近年来，随着软件在军事领域的地位和作用日益突出，软件定义(Software Defined)技术发展迅速，其军事应用已从最初的通信系统逐步扩展到雷达、电子战、导航等多个领域，牵引着作战系统发展由“以硬件为中心”向“以软件为中心”转型，体现着军事智能化发展的重要趋势。

软件定义技术的基本思想是将硬件平台与软件系统分离解耦，以开放性、可扩展、结构精简的硬件为通用平台，尽可能用软件实现多种功能，如在民用领域得到快速发展的软件定义汽车。软件定义技术具有“需求可定义、硬件可重组、软件可重配、功能可重构”的特点，即：可灵活响应探测、电子战、通信、导航等多种任务需求；可基于开放式架构进行硬件资源的重组；可根据需求动态配置和执行不同软件应用程序以完成不同任务；可通过接入不同的硬件部件、加载不同的软件组件，快速重构出不同的功能。

软件定义汽车

软件定义汽车强调以软件为基础提升汽车的智能化水平，用不断迭代的软件创造体验更好、更聪明的汽车。如在软件控制下，车灯可根据车速和驾驶场景自主决策，启用不同的照明模式。有人称未来汽车是四个轮子上的超级计算机。国内一些信息技术企业（如百度、华为）介入造车领域，从一个侧面反映了软件正在成为汽车价值的关键因素。

软件定义技术的概念最早由美国米特里公司于1992年提出，当时主要是通过软件编程对无线电设备功能进行重新配置，实现多模式、多频段的无线电通信，以解决美军及其盟军不同无线电设备之间互联互通困难的问题。

软件定义技术牵引着作战系统发展由“以硬件为中心”向“以软件为中心”转型，体现着军事智能化发展的重要趋势。

软件定义无线电技术起步最早、发展最快、应用最广泛，如美军“联合战术无线电系统”项目研制了手持式、背负式、机载等多种软件定义电台，可传输和接收不同频段、不同制式、不同网络结构的通信信号，在美国各军种及其盟军中实现规模化部署，部署总量达数十万部。

近年来，软件定义技术的应用逐渐扩展至通信卫星、雷达、电子战、导航等领域。通信卫星方面，全球首颗软件定义卫星“量子”已于 2020 年由欧洲通信卫星公司完成平台研制，可对功率、频率、带宽进行动态调整，该卫星已于 2021 年发射成功。雷达方面，德国海军已于 2019 年研制出 RS-4D 软件定义多功能警戒与目标截获雷达，可根据需求进行软件编程，实现警戒、目标截获等不同作战任务需求的快速响应。电子战系统软件化方面，美国海

欧洲“量子”软件定义通信卫星平台

军正在为 EA-18G “咆哮者” 电子战飞机开发 “下一代干扰机” 吊舱，采用模块化开放式系统架构，其激励器、波束生成器、射频功率放大器等主要部件均基于规定的模块化架构、统一标准、统一接口进行设计，可通过软件进行技术升级。卫星导航系统方面，美国空军正在开展 “导航技术卫星 -3” 项目研究，卫星携带可在轨重新编程的数字信号发生器，能通过加载并重构波形软件规避和消除干扰。

采用软件定义技术的 “下一代干扰机” 吊舱

软件定义技术有望催生出一种 “软件定义一切” 的电子信息系统新型发展模式，加速战争形态向智能化转型。一是推动通用电子信息系统架构重塑。借助软件定义技术，未来所有电子信息系统有望采用一种统一、通用的架构，即 “射频数字化 + 功能软件化 + 处理智能化” 架构，大幅简化传统信息系统硬件组成，支持实现雷达、通信、电子战、导航等功能灵活调整。二是推动武器系统发展模式转型。大幅缩短武器系统研制周期并降低成本，如制造商可按照一定规格预先批量制造，在使用过程中根据需要进行软件功能升级；大幅增强武器系统灵活应对多种威胁能力，如软件定义卫星可根据各种任务需求，灵活改变应用模块功能，执行不同太空作战任务；大幅提升武器系统互操作性，如美军采用软件定义技术的 “下一代干扰机” 可与其他机载电子系统（导航、通信、蓝军系统等）互操作。三是促进武器系统智能化程度提升。软件定义技术是武器系统从信息化向智能化转型的桥梁和纽带，当前在智能化方面取得显著进展的项目，多基于软件定义技术或理念进行开发。

延伸阅读

EXTENSIVE READING

"量子"软件定义通信卫星

欧洲通信卫星公司 2011 年提出"量子"(该处"量子"仅是卫星的名称，与量子力学无关）软件定义卫星概念，2015 年联合欧洲航天局与空客公司启动研制首颗卫星。卫星重 3.5 吨，功率为 7 千瓦，设计寿命为 15 年，通信容量为 6 ~ 7 吉比特 / 秒。2018 年 12 月，空客公司完成卫星载荷研制；2019 年 1 月，英国萨里公司完成卫星平台"地球静止迷你卫星平台"研制；2019 年 5 月，欧洲通信卫星公司完成有效载荷和卫星平台集成；2021 年 7 月，卫星成功发射。

"量子"卫星是全球首颗具备业务应用能力的软件定义通信卫星，可在轨按需配置覆盖区域，改变工作频率，调整信号功率等，也称"变色龙"卫星。其电子可控天线 ELSA+ 是欧洲首个用于商业卫星通信的多波束有源天线，Ku 波段，有 8 个独立可重构波束。卫星下行和上行链路可通过可编程信道调节带宽，使频谱使用率从当前的 86% 提高到 98% 以上；8 个独立的波束形状和大小可调；可在轨加载更新软件。

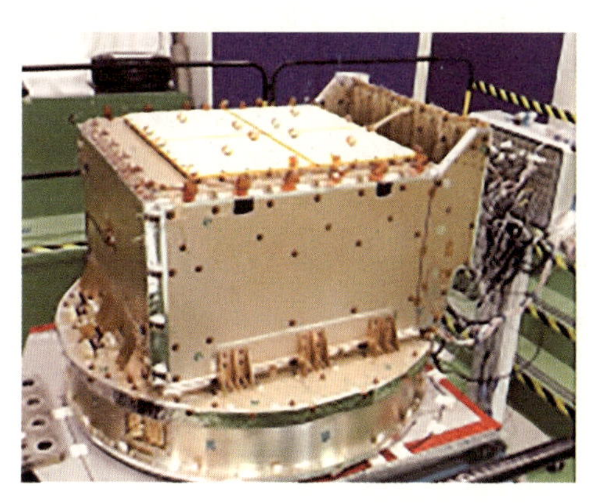

"量子"卫星搭载的电子可控天线

零信任思想是“永不信任、始终验证”，即永远不会授予绝对信任，必须对用户和内容进行不断验证。

07 零信任

随着移动互联网、战场物联网、5G 网络等应用不断拓展，新的网络安全威胁和风险不断涌现，传统基于边界的安全机制难以适应。为了应对日趋复杂的网络环境，一种新的网络安全理念——零信任（Zero Trust）逐渐进入公众视野，其创新性的安全思维及应用旨在提升网络的整体安全性，受到广泛关注。

传统基于边界的安全机制将网络内的所有内容（用户、设备和应用程序）视为可信任，在成功验证外来用户的凭据后就授予其对内部资源的完全访问权限，也称为“城堡和护城河”方法。其中，“城堡”指的是拥有重要数据和应用程序的系统或组织，而“护城河”则是指可阻止潜在威胁的保护层。这种体系的缺陷是用户如果具有正确的密码和凭据，无论是合法用户还是通过非法手段获得密码的不良用户，都可完全访问网络。这种方式被称为“一次信任、完全访问”。

零信任思想就是"永不信任、始终验证"，即永远不会授予绝对信任，必须对用户和内容进行不断验证，将网络安全防御从静态、基于网络边界的防护转移到关注用户、数据和程序。简而言之，零信任强调的是：默认情况下，网络内外的任何人、事、物均不可信，应在授权前对任何试图接入网络和访问网络资源的人、事、物进行验证。

零信任不是一种产品或者平台，而是一种安全理念，其实现原则可以概括为：以身份为基石、业务安全访问、持续信任评估和动态访问控制。这些原则落实到零信任架构设计上，就构成了从用户到应用的安全访问机制。

零信任架构的构建模型

其中，以身份为基石指零信任架构对所有对象赋予数字身份，基于身份而非网络位置来构建访问控制体系；业务安全访问是指按照最小权限原则，对所有业务场景、所有资源的每一个访问请求进行强制身份识别和授权判定，确认访问请求的权限、信任等级符合安全策略要求后才予以放行；持续信任评估是指持续对用户、设备、访问行为等进行信任计算和测评；动态访问控制是指根据信任等级情况动态对访问权限进行调整。

2004 年举办的耶利哥论坛提出去边界化安全理念是零信任的早期雏形。2010 年，美国著名研究机构弗雷斯特研究公司正式提出了"零信任"一词。随着业界对零信任理念和实践的不断完善，零信任从原型概念逐步向主流网络安全技术架构演进，已进入产业应用阶段。谷歌、微软等业界巨头率先在企业内部实践零信任并推出完整解决方案；Duo、OKTA、Centrify 等身份安全厂商推出“以身份为中心”的零信任方案；思科、阿卡迈、赛门铁克、威睿等公司推出了偏重于网络实施方式的零信任方案。

零信任受到美、英、日等国的高度重视。2019 年 7 月，美国国防部将零信任架构方案纳入《国防部数字现代化战略》；2021 年 5 月，美国国防信息系统局公布《国防部零信任参考架构》1.0 版，代表着美国国防部网络架构开始全面向零信任转变。同时，美国国防部部署开展了数个零信任网络试点项目，并通过这些试点项目积累经验，确定零信任网络技术路线。2020 年 10 月，英国国家网络安全中心发布《零信任基本原则》草案，为政企机构迁移或实施零信任网络架构提供参考指导。2020 年 11 月，日本防卫省宣布将加快引入被称为“零信任”的最新安全架构，以应对日益严峻的网络攻击形势。

与此同时，国内零信任概念逐步走向落地。2019 年 9 月，工信部发布《关于促进网络安全产业发展的指导意见（征求意见稿）》，将“零信任安全”列入需要“着力突破的网络安全关键技术”。中国网安、奇安信、腾讯、阿里、华为等知名安全和互联网厂商都推出了零信任整体解决方案，并积极开展全面应用实践。

零信任作为新型网络安全理念，将资源保护作为核心，致力于实现细粒化、精准化、自适应、动态化的访问控制，民用上可有效防范远程接入、大数据中心、云平台、物联网等场景下的新型网络安全威胁，军事上可从根本上改变跨国家、跨地域、跨军种网络的安全性和数据共享的有效性，是网络安全体系升级的中流砥柱。然而，零信任理念仍然在技术实现、大众认知、应用推广等方面存在挑战，例如：尚无标准评判零信任解决方案的成熟度；将采购部署零信任产品等同于实现零信任架构；与现有网络安全框架兼容存在问题。因此，要真正实现零信任架构，仍需要从政策、技术、产业等方面付出诸多努力。

延伸阅读

EXTENSIVE READING

NIST 零信任架构

2020 年 8 月，美国国家标准与技术研究院（NIST）发布《零信任架构》标准正式版，以期引导零信任架构的发展。

在该架构中，秉承零信任安全原则，对访问主体和访问客体之间的数据访问和认证验证进行处理，并将访问行为实施层面分解为用于网络通信控制的控制层和用于应用程序通信的数据层。访问主体通过控制层发起访问请求，由信任评估引擎、动态访问控制引擎实施身份认证和授权，一旦访问请求获得允许后，系统动态配置数据层，访问代理接收来自访问主体的流量数据，建立一次性安全访问连接。信任评估引擎持续进行信任评估，把评估数据提供给访问控制引擎进行决策运算，判断访问控制策略是否需要改变，如有需要及时通过访问代理中断连接，快速实施对资源的保护。

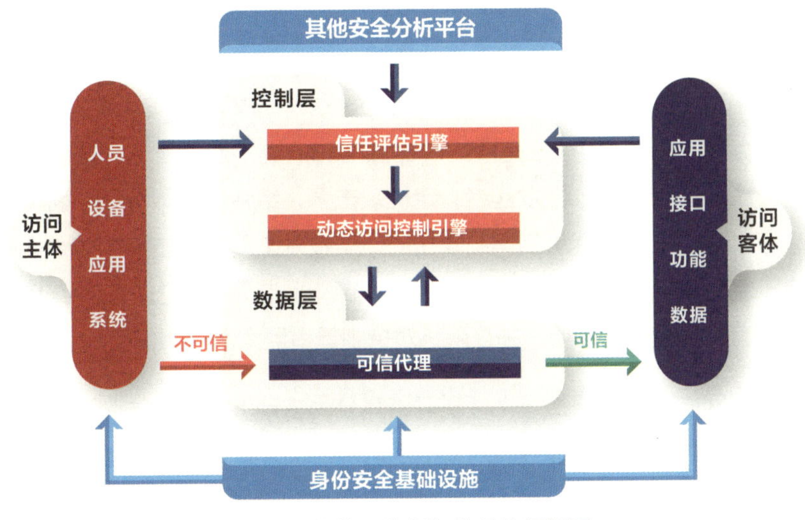

NIST发布的零信任架构总体框架图

网络攻击溯源技术

在计算机网络中，所有信息都是以数据包的形式进行发送，每个数据包均含有发送者和接收者的地址信息。理论上，计算机网络上的所有攻击都可以找到源头，但由于攻击者往往会采用匿名、跳板、代理等技术手段，隐匿身份或将发送者信息虚假化，因此要找到真实攻击者就必须进行溯源。

跳板

跳板，简单来说就是为了隐藏自己的网络地址，增加被发现难度而采取的一种技术手段，常用的跳板方式有 http 代理、虚拟专用网络（VPN）、虚拟专用服务器（VPS）等，可以用这些方式作为跳板和中转站访问目标网络。

网络攻击溯源（Cyber Attacks Attribution）技术也称威胁狩猎（Threat Hunting）技术，是根据已有网络攻击数据和痕迹，通过技术手段还原攻击事件，主动追踪网络攻击发起者、定位攻击源，结合网络取证和威胁情报分析，有针对性地缓解或反制网络攻击的一类技术。网络攻击溯源技术能够帮助提前制定或事后实施应对措施，最终抵御和反制网络攻击，在网络信息安全中具有举足轻重的作用，并在网络对抗中具有巨大的应用价值。

按照网络攻击溯源的行为性质可将其分为主动溯源和被动溯源。主动溯源主要是在报文传输过程中，对网络数据包添加标记信息、或者对网络数据流添加水印信息，攻击一旦发生，管理人员就能够利用标记或水印信息去追踪数据包传输路径并确定攻击源。其中，渗透测试溯源是一种重要的主动溯源方式，它通过模拟攻击者的攻击手法不断测试评估计算机网络系统的安全

网络攻击溯源技术可帮助提前制定或事后实施针对网络攻击的应对措施，在网络信息安全、网络对抗中具有巨大的应用价值。

性，发现对手的弱点、技术缺陷或漏洞，对攻击活动进行定位溯源。被动溯源主要是使用工具分析网络主机日志、网络设备日志、网络流量情况等信息，进行攻击溯源。按照溯源所处时段，网络攻击溯源可分为事前溯源、事中溯源和事后溯源。

网络攻击溯源主要包括产生假设、数据调查、识别溯源和自动化分析 4 个迭代循环的步骤。一是产生假设。攻击溯源从某种攻击活动假设开始，可以通过网络安全与人工智能算法自动生成攻击活动假设。二是数据调查。有效利用工具，通过关联分析、可视化分析、统计分析、机器学习等融合分析不同的网络安全数据，帮助安全分析人员更好地调整假设、发现网络攻击事

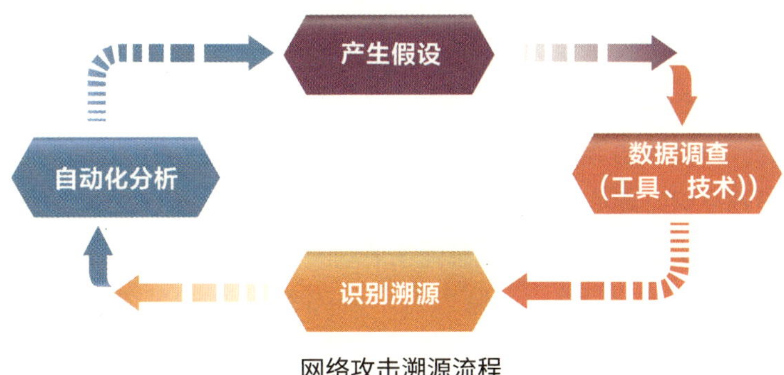

网络攻击溯源流程

件。三是识别溯源。识别溯源的过程也是新的攻击模式和攻击战略战术发现过程。通过工具和技术揭示新的恶意行为模式和对手在攻击过程中的战略战术。四是自动化分析。为了更加高效地进行攻击溯源分析，可以将溯源过程部分自动化。分析人员利用相关分析软件得知潜在风险，跟踪网络可疑行为。四个步骤迭代效率越高，越能尽早发现新的威胁。

美俄等军事强国高度重视网络攻击溯源能力建设。2018 年，美国国防部《网络战略》提出实施“前出防御”策略，将网络攻击溯源技术作为网络防御前移、从源头处慑止网络攻击行为的关键技术。2019 年，美国《联邦网络安全研发战略规划》将网络攻击溯源技术作为实现“网络威慑”战略目标的技术基础，列为网络空间的重点技术方向。DARPA 近年来还开展了“增强归因”“主动社会工程防御”“语义取证”“大规模网络狩猎”等项目，持续推进网络攻击溯源技术发展。

尽管网络攻击溯源技术在原理上比较成熟，但随着计算机技术和网络结构的不断发展，网络攻击溯源技术的研究和应用也面临诸多难题。例如，网络的类型、结构、协议、应用复杂化，攻击手段的智能化，以及网络攻防技术的快速发展，都给网络攻击溯源带来极大挑战。另外，网络攻击溯源还涉及复杂的法律授权、隐私保护等问题。

随着网络技术在社会经济各领域应用越来越广泛，网络攻击溯源的应用场景也越来越多，日益发展成为一种威慑性防御技术。该技术可以应用于以渗透测试为主的攻击型溯源，获取对方的信息或情报；强大的网络攻击溯源能力会对攻击者形成巨大的战略威慑力，使其不敢轻易发动高级别网络攻击；同时，网络攻击溯源也可以有效防范攻击行为，合法取得攻击行为电子证据，发现高级别网络攻击组织、行为或意图，从而进行积极有效的网络安全防御，从源头上破坏或阻止恶意网络活动。

TYPICAL CASE

美国 Mirai 网络攻击事件及溯源

2016 年 10 月 21 日，国际知名域名解析服务公司 DYN 遭到名为“Mirai”的恶意代码的大规模攻击，导致 Twitter、华尔街日报、BBC、CNN、星巴克等大量网站无法访问。DYN 直接损失超过 1.1 亿美元。

事件发生后，美国 FBI 发起跨国联合调查行动，我国的奇虎 360 公司也参与了溯源取证。在溯源过程中，行动小组通过分析网络系统日志，发现 4 个 IP 地址在当天 19:00—22:50 期间的网络访问流量峰值达到日常流量的 20 倍，判定发生了流量攻击，通过主动被动相结合的溯源技术锁定攻击来源，之后找到攻击主机和 3 名年轻的实施者。美国阿拉斯加法庭依据溯源所获得的电子证据，对 3 名实施者进行了判罚。

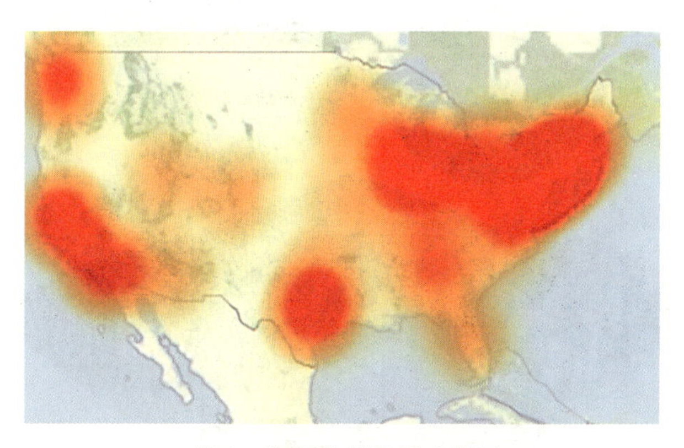

“Mirai”恶意代码影响范围

趋零功耗传感器技术

在阿富汗、伊拉克等作战区域，美军布设了庞大的传感器网络，监测恐怖分子安装简易爆炸装置等危险行为。由于大多数作战区域都没有稳定可靠的供电线路，几乎所有传感器都依靠电池供电，在需要更换电池时，美军士兵依然会有遭受伏击的危险。受此驱动，DARPA 于 2015 年 3 月启动“趋零功耗射频和传感器”（N-ZERO）研究。趋零功耗传感器技术是该研究的核心之一。

趋零功耗传感器是指仅在出现特定事件时被激活、平时处于待机状态、平均待机功耗低于 10 纳瓦（相当于电池不工作时自然放电水平）的传感器。

“趋零功耗射频和传感器”项目成果应用场景

趋零功耗传感器技术的发展有助于解决传感器能耗问题，可为构建先进感知网络、把握战场态势提供关键支撑。

为不间断监测战场态势，现有传感器需持续处于“开启”状态，90% 以上的电力损耗在无用信号的感知与处理上。趋零功耗传感器能以低于 10 纳瓦的待机功耗持续、被动监测周围环境，从背景噪声中或在受干扰时识别目标信号，唤醒后续信号处理电路，进入工作状态，这样可以保证在没有特殊事件时系统几乎无损耗。

趋零功耗传感器的实现主要基于两方面的能力。一是多米诺骨牌式致动机制。基于光、声、热、力、气体等物理信号效应设计的能量多米诺致动机制是趋零功耗传感器的核心。利用这一机制，可以构建只在检测到特定信号时才会触发后续信号处理与传输功能的感知模块。例如：光波的接收可以致热，热量的不均匀又可以控制机械结构产生变化；声波的接收可以引起机械结构的谐振，机械谐振产生的位移变化可以设计成后续开关系统的激励；射频电磁波同样可以利用声波导进行谐振匹配传输。利用这些内在变化关系可以设计多米诺骨牌式的感知系统，无须外加能量就可以发生联动。二是高灵敏度、低功耗传感器件，包括高性能射频谐振器、低功耗放大器和低阈值比较器等。不同传感系统采用的触发机制不同，因此材料与工艺设计也不同，如光传感器使用的是铟镓砷等光学薄膜材料与工艺，声传感器采用的是硅微结构设计与工艺，射频开关使用的是氮化铝新型功能薄膜材料及相应工艺。基于这些器件制造的传感器微系统可敏锐探测微弱信号，并大幅降低提取和鉴别信号的能耗，在不更换电池的情况下平均工作寿命可达数年。

在 DARPA 的资助下，趋零功耗传感器技术取得了一系列突破。如美国德雷帕实验室研制出的趋零功耗声传感器，可对不同频率的输入声波产生谐振，当输入声波频率与预设频率相同时，接触臂使电池和触发后续模块的电容建立连接并充电，开关开启，后续模块对感知到的信号进行分析鉴别并将信息转换为电信号传递出去；当特定信号消失后，传感器恢复待机状态，平均待机功耗低于1纳瓦。趋零功耗传感器技术的发展有助于解决传感器能耗问题，可为美军构建先进感知网络、把握战场态势提供关键支撑。

通过无人值守无线传感器系统获取战场信息是未来战场态势感知的重要发展方向。趋零功耗传感器不仅能够大幅减少电源需求、延长使用寿命、缩小重量尺寸，而且在射频、声音、光、化学等不同信号感知方面都取得了突破，如果把不同类型传感器集成在一起形成全天候、全信号探测分析能力，可大幅拓展军用传感器系统在作战、设施监控、边境守护等领域的应用范围，为构建无人值守型的感知网络奠定基础。

趋零功耗传感器构建的边境无人值守传感器网络

典型案例

TYPICAL CASE

美国 DARPA “趋零功耗射频和传感器”项目

DARPA 于 2015 年 3 月启动“趋零功耗射频和传感器”（N-ZERO）项目，已在射频、红外、化学、压力、温度、声音等信号感知与识别方面取得多项突破，为构建长时间预置、全信号感知、高度灵敏的无人值守战场态势感知网络奠定了基础。2017 年，在此项目的支持下，美国东北大学开发出一种“休眠仍有意识”红外传感器，可在长达数年近零功耗的情况下保持“警觉”，一旦被特定红外信号触发，立即开始探测并识别目标。该技术成熟后，可使无人值守传感器的使用寿命延至数年，变革其部署及应用模式，大幅降低后续维护成本和风险。

10 瞬态电子器件

近年来，在一些科幻作品中出现的能够自毁，或者消失得无影无踪的电子器件正在变为现实。这类电子器件被称为瞬态电子器件（Transient Electronics Devices）。

瞬态电子器件是一类特殊的电子器件，它与传统电子元器件的主要区别在于，瞬态电子器件必须能够按照设计的动力学毁坏、降解、溶解、腐蚀、升华等“瞬态过程”（可以设计成一种或几种过程同时发生），实现不同程度“自毁”或“物理消失”。不同瞬态电子器件的“自毁”和“消失”原理各不相同，根据不同应用场合而设定。

集成电子设备瞬态过程示意图

瞬态电子器件可以按照设计实现不同程度“自毁”或“物理消失”，在任务隐蔽性、解决战场“遗留物”、防止技术泄露等方面具有重大影响。

“自毁”型瞬态电子器件的原理主要是利用爆炸等高能量的瞬态方法来实现对传统电子器件的毁坏，例如美国施乐公司的“压力释放触发分解”——在传统芯片背部形成的网状刻槽内填充热激发材料，通过遥控触发内置加热器加热该材料导致芯片随着温度升高发生爆炸，随即解体成微硅颗粒。“消失”型瞬态电子器件是一种使用可降解的半导体和亚稳态聚合物等材料制作，在一定环境条件下能按设计好的过程发生消融，采用了创新组件和结构的新型电子器件。例如，美国伊利诺伊大学的可溶硅纳米薄膜（NM）器件利用了薄膜和衬底材料在生物流体中的易溶解性，用几滴水就可以使其失去作用。

军用瞬态电子器件在发展前期主要是以爆炸、粉碎、熔化等剧烈破坏方式实现“自毁”。2013 年国际商用机器公司（IBM）在 DARPA 资助下开发了具有自毁功能的芯片，将 CMOS 感测芯片嵌在一片特制玻璃之上，一旦收到自毁程序的射频信息指令后，特制玻璃发生粉碎性爆裂连带将 CMOS 芯片一起破坏掉。近年来瞬态电子器件研发进入新阶段，瞬态设计成为器件内在设计的一部分，电子器件可以环境友好方式“消失”。目前普遍认为环境友好型完全降解是瞬态电子器件最理想的“物理消失”方式，这也使电子器件在植入式医疗领域不断拓展应用。

瞬态电子器件研究综合应用微电子、柔性电子和新材料技术，属于跨度极大的多学科交叉研究领域。可降解材料是瞬态电子技术最基础也是最重要的组成部分之一，主要包括可降解的衬底材料、介质层材料、互连导线材料和半导体功能材料，各个材料的降解能力、柔韧性及功能性直接关系到整个器件的降解能力和工作性能。目前，高性能的可降解电子以硅基薄膜器件为主，以单晶硅薄膜作为半导体功能材料，可降解金属导线材料包括镁、锌、铁、钼等，结合多种商用的可降解聚合物基底（各种蛋白、纤维素等），即可制成能在水溶液中完全降解的薄膜器件。目前已经达到硅基纳米薄膜量级水平。

军用和民用潜在价值促使多国积极研究瞬态电子器件技术。美国伊利诺伊大学于 2012 年最早开始进行具有瞬态行为的电子器件相关研究，在硅基薄膜瞬态器件领域做了大量基础性和开拓性的工作。DARPA 启动可编程消失资源项目，目标是研制用于士兵健康诊疗并能被身体吸收的传感器等多种电子装置，已研发出可在水中或其他化学物质中以自动溶解方式自毁的瞬态器件。美国目前在瞬态电子器件技术领域处于世界领先地位。其他国家也进行了相关研究，如韩国研制出热响应瞬态电子器件，通过加热方式实现器件降解；澳大利亚研制出一种可生物降解电源系统。尽管瞬态电子器件技术发展很快，但还存在可降解材料电特性差、生物衍生材料力学特性及再处理性差以及散热、供电和可靠性等技术难题。

瞬态电子器件在确保任务隐蔽性、实现数据安全、解决战场“遗留物”、防止技术泄露和提高军用医疗技术等方面具有重大影响。瞬态电子器件可应用于情报、侦察或其他军事领域中，其自我消失功能具有防止重要数据或技术外泄的作用，例如大范围分布式瞬态传感器网络在设定时期内侦测敌方情报数据后，能在自然环境下自行分解消失并被环境吸收；还可制作成用于士兵健康诊断、监控、治疗并能被身体吸收的传感器或多种电子装置，提高治疗效果，减少痛苦并增加安全性。

目前，瞬态电子器件技术处于发展的初级阶段。随着新型材料的出现和制造技术的不断创新改进，其在国防信息安全、情报和侦察、高端装备制造、环境保护、医疗保健等方面将有着广阔的应用前景。

典型案例

TYPICAL CASE

美国 DARPA “可编程消失资源”项目

2013 年 DARPA 启动了开发可以自毁的特殊电路“可编程消失资源”（VAPR）项目，霍尼韦尔航空航天公司、国际商用机器公司（IBM）和 BAE 这三家公司，分别负责自毁电子元件、自毁芯片和自毁传感器的研究。该项目持续数年，后续吸纳包括施乐帕洛阿尔托研究中心（PARC）等机构参与研究。PARC 负责研发压力释放触发分解技术，该技术能使电子设备、芯片、传感器和其他电子产品按需求快速地通过远程控制实现分解。PARC 在 2015 年 9 月 DARPA 未来技术论坛上演示了技术成果。2018 年 1 月，霍尼韦尔航空航天公司展示了遥控将电子器件蒸发到稀薄空气中的一种新方法。

“可编程消失资源”项目开发的瞬态电子设备可自动溶解

近年来，随着雷达系统规模增大，雷达的成本和系统复杂度急剧上升，平台适装性和战场生存能力降低，探测能力遭遇瓶颈。在突破传统雷达技术瓶颈、有效提升雷达探测能力的需求牵引下，伴随量子科技的突飞猛进，量子雷达（Quantum Radar）成为量子信息技术应用领域的重要发展方向。

量子雷达是通过在发射端、接收端或者收发双端应用量子技术，提升探测性能的新体制雷达。与传统雷达相比，量子雷达的主要优势是探测灵敏度高，可以比传统雷达高出数倍。实际上，量子雷达与传统雷达探测的结构框架并无二致，其主要是通过对量子级别电磁波能量的接收与处理来提升雷达系统的灵敏度。比如，光子是一定频率的光的基本能量单位，利用单光子探测技术可以对单个光子进行探测和计数，这有助于实现对极微弱目标信号的探测。

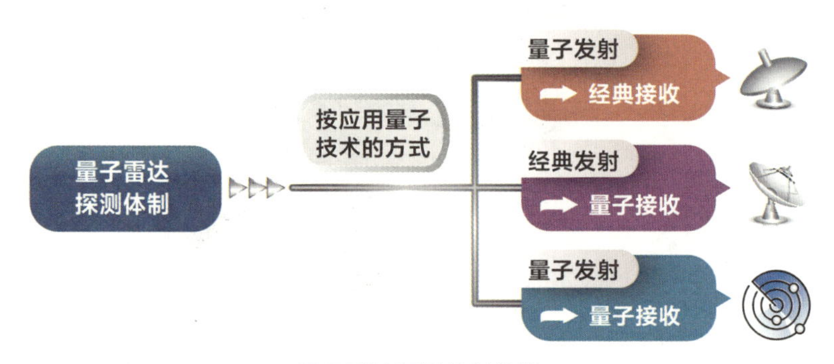

量子雷达探测体制分类

与传统雷达相比，量子雷达的主要优势是探测灵敏度高，可以比传统雷达高出数倍。

按照应用量子技术的方式，可将量子雷达的探测体制分为三类：第一类是“量子发射－经典接收”，即发射量子态的电磁波（如单光子），通过经典接收机接收；第二类是“经典发射－量子接收”，即发射经典态信号，在接收端使用量子技术（如超导单光子检测）提升性能；第三类是“量子发射－量子接收”，即发射两路纠缠态信号（即具有量子关联效应的信号）中的一路，在接收端与另一路进行联合检测。

第一类和第三类量子雷达目前尚没有在远程探测中工程化应用的明确技术途径，原因主要包括两个方面：一是量子态的量子特性在信号衰减条件下损耗明显，而“量子发射－经典接收”和“量子发射－量子接收”两类量子雷达均需要发射量子态信号，因此在远程探测中性能优势难以体现；二是现有量子态信号产生技术的发射功率很低（在微瓦量级），而远程探测需要大功率发射（系统总功率接近兆瓦量级），短期内量子态发射难以满足远程探测的要求。第二类“经典发射－量子接收”体制量子雷达无须量子态信号发射，避免了量子态信号发射功率低和量子特征损耗强的问题，可以实现在远程探测中的工程化应用。

随着量子科技的发展，量子雷达受到世界主要国家高度重视。2007 年，DARPA 启动“量子传感器”“激光量子雷达”等项目；2011 年底，美国海军研究院的兰萨戈尔塔（M.Lanzagorta）出版著作《量子雷达》，标志着量子雷达这一领域的正式建立，随后欧盟、英国、日本、加拿大等国家和地区相继跟进。国内量子雷达研究从“十二五”期间起步，至今也取得了一系列成果，中国电子科技集团公司第十四研究所开发的“经典发射–量子接收”类型单光子（这里所说的单光子是一个形容词，不是严格意义上的单光子探测）激光雷达技术达到世界先进水平，但离实际工程应用还有很大距离。

近年来，“量子发射–量子接收”类型量子雷达（又称“量子照射雷达”）成为热门的学术研究方向。2008 年，美国麻省理工学院的赛思·劳埃德（Seth Lloyd）首先提出量子照射雷达的概念；2017 年，美国麻省理工学院团队在光学波段首次完成实验室内合作目标的量子照射实验，系统探测信噪比提高 20%；2020 年，奥地利科技研究所联合美国麻省理工学院、英国约克大学等在实验室内完成微波量子照射雷达实验。但是，这些实验都停留在近距离合作目标原理验证层次，其实验方案无法向远程目标探测中推广应用。

微波量子雷达是近年来另一个重要发展方向。欧洲航天局 2009 年发射的普朗克卫星（用于探测宇宙微波背景辐射）已具备高频段微波（30、44、70 吉赫）的单光子检测能力；2011 年，美国威斯康星大学和加拿大滑铁卢大学的联合团队研制了基于超导约瑟夫森结的微波单光子探测器，验证了 X 波段以下微波量子探测的可行性；德国弗劳恩霍夫研究所将低温电子学技术引入雷达系统，于 2019 年完成了 1 发 7 收的空间目标监视低温相控阵雷达。随着低温电子学和低温制冷技术的进步，微波量子雷达技术已经开始走出实验室，向远程探测领域发展。中国电子科技集团公司第十四研究所率先对微波量子雷达技术开展了研究，在简化的雷达架构和简单环境下，将传统雷达信

约瑟夫森结

一般来说，约瑟夫森结是一个“肉夹馍”形状的电路元件，它由两个“超导体”（馍）夹着一层薄薄的“非超导体”（肉）构成。“非超导体”可以是绝缘体、常规导体，甚至可以是一个点状的连接。

噪比提升 8 分贝以上，验证了微波量子技术提升雷达系统威力的可行性。目前，我国量子信息领域的快速发展为微波量子雷达的研究提供了技术基础。

量子雷达技术的发展趋势主要有：一是工作频段由光学向微波扩展。微波雷达具有传播受大气条件影响小、全天候探测能力强等特点，但是受到器件技术的限制，早期的量子雷达研究主要局限在光学频段，随着超导电子学技术的不断发展，低温环境下的微波量子器件逐步成熟，国内外主要研究机构都将微波波段作为量子雷达技术应用的发展重点。二是探测灵敏度越来越高。低温接收的探测灵敏度随噪声温度的降低而提高，为了实现更高的探测灵敏度，一方面需开展极低温度下的高灵敏度微波量子探测技术研究；另一方面需提升制冷效率、降低制冷温度，从而使系统噪声逼近标准量子极限。

12 微波光子雷达

微波光子雷达（Microwave Photonic Radar）是采用微波技术和光子技术的一种新型雷达，以光子技术为信息载体，微波光子技术主要应用于雷达收发系统。光子技术具有大带宽、低传输损耗、抗电磁干扰强等特性，加之光子器件重量轻、体积小，可促使雷达技术性能产生质的飞跃。微波光子雷达是当前世界军事强国雷达发展的热点。

微波光子雷达通常包括数字信号处理、射频前端、收发阵面三个功能单元。其基本工作原理为：在发射端，利用光子技术生成光载微波信号，经光电转换为微波信号，由天线发射出去；在接收端，雷达回波信号经电光转换合成光载微波信号，利用光子技术进行信号处理，然后输入控制与数据处理单元，进行数据分析和目标识别。

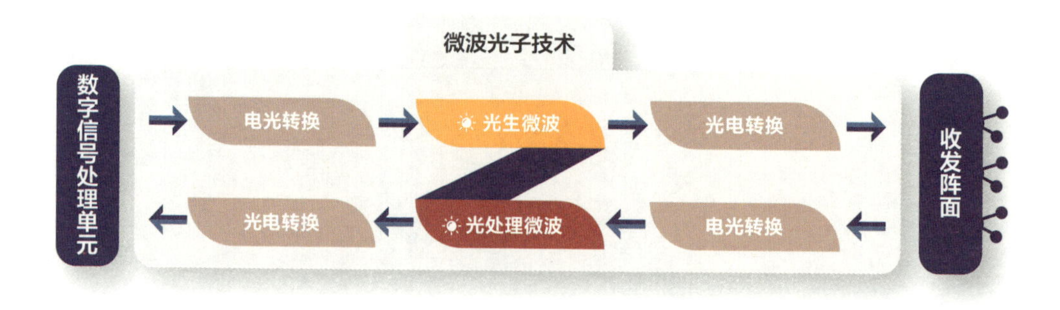

微波光子雷达系统原理示意图

光子技术具有大带宽、低传输损耗、抗电磁干扰强等特性，加之光子器件重量轻、体积小，可促使雷达技术性能产生质的飞跃。

微波光子雷达依靠光电转换、电光转换、光生微波、光子信号传输和处理等关键技术，实现超带宽信号产生和采样、天线阵面重构、多频段信号收发、宽带信号波束形成，可突破传统数字有源相控阵雷达在宽带、数字化和多通道发展中面临的技术瓶颈。从理论上讲，微波光子雷达具有许多优势或潜力：一是增强目标识别能力。微波光子雷达在发射端能产生超宽带信号，并在接收端进行处理，其距离分辨率可由厘米量级提高到毫米量级。二是增强抗干扰能力。微波光子雷达能够灵活产生波形，具有超大带宽、大动态范围和多频工作模式，可有效对付有源干扰。三是可能实现更好的红外隐身性能。目前微波光子的能量转换效率还比较低，这也制约了微波光子雷达的发展。但微波光子雷达的能量转换效率具有明显的提升潜力，相比于采用电子管和半导体器件的传统雷达，未来的微波光子雷达可以显著降低红外辐射强度。四是可使雷达体积更小、重量更轻。光纤重量轻、损耗低，随着光子器件集成度的提高，未来微波光子雷达的重量和体积可能得到大幅降低，因此具有更强的平台适装性。

目前，国外微波光子雷达和器件研发已取得较大进展，开始进入微波光子雷达样机研制和功能演示阶段，但总体看仍处于发展初级阶段。美国主要集中进行微波光子学基础技术攻关，DARPA 开展了“高线性光子射频前端技术”“适于射频收发的光子技术”“超宽带多功能光子收发组件”“光任意波形生成”等十多个项目的研究，涉及微波信号的光域生成、处理、采集、控制、传输等方面，但尚未见雷达整机研究的报道。俄罗斯已经在微波光子雷达关键器件方面取得突破，并以六代机应用为背景，研制出机载微波光子雷达收发组件试验样机。欧盟则依托全光子雷达项目，开发了陆基微波光子雷达样

	无线收发信号	雷达内部信号载体	信号的物理表征	优缺点
传统雷达	射频微波	电子	电压、电流、电功率	√技术最成熟 ×宽带瓶颈、电磁兼容
微波光子雷达	射频微波(或激光)	光子 发射:光电效应 接收:电光效应	光子振幅、相位、偏振、功率、波长	√技术较成熟 带宽大、电磁兼容、多功能一体化 ×受限光电器件

微波光子与传统雷达比较

机，已具备双波段探测能力。

从理论上讲，微波光子雷达在隐身目标、集群目标、高速移动目标探测等方面具有巨大潜力和优势。但目前仍面临光子噪声大、光电转换效率低、相位与频率调控精度难等问题，这在很大程度上限制了微波光子雷达的发展和应用。未来，随着各种光子器件设计、制造工艺水平的不断提升，微波光子雷达必将在军事领域得到广泛应用，为雷达系统的未来发展带来根本性变革，成为下一代雷达重点发展方向。

TYPICAL CASE

欧盟全光子雷达

2009 年，欧盟启动全光子雷达项目（PHODIR），由意大利国家光子网络实验室主持，联合多家单位开展研究。2014 年 3 月，完成雷达原理样机的研制，该样机采用高精度锁模激光器作为系统基准源，利用光子处理技术实现低相噪雷达信号产生和高精度光子数 / 模转换，实现了第一台实用意义上的全相参微波光子雷达。同年，进行了针对非合作目标的探测试验，验证了光子架构雷达的效能和指标：对民航客机跟踪的距离分辨率为 23 厘米，径向速度分辨率为 2 千米 / 小时。2015 年，该实验室将“全光子数字雷达”工作频段扩展至 S 波段，并进行了双波段雷达外场验证。2017 年 10 月，欧盟开始论证“全光子数字雷达”军用化的可行性，计划开发军用微波光子雷达。

13 低轨卫星互联网

互联网现已成为人们最为方便、快捷的沟通方式。近年来，利用低轨卫星提供高效卫星宽带互联网接入服务，成为互联网领域发展的新趋向。

“星链”星座

低轨卫星互联网（LEO Satellite Internet）是由成千上万颗低地球轨道通信卫星，通过信关站（地面信息处理设备）接入国际互联网，为全球用户提供互联网服务的网络。其有两种组网模式：一是“天星地网”，没有星间链路，需在全球布设大量信关站；二是“天网地网”，利用星间链路建立高速宽带卫星通信网络，只需少量信关站，即可实现全球覆盖。低轨卫星互联网

低轨卫星互联网是由成千上万颗低地球轨道通信卫星，通过信关站接入国际互联网，为全球用户提供互联网服务的网络。

具有通信低时延、信号衰减小、全球无缝覆盖等优势，但是对卫星的批量生产、批量发射、按需离轨等技术和能力均提出了较高要求，还需满足国际电信联盟的频轨使用规则并获得业务落地国政府的电信服务许可。

随着互联网技术、小卫星技术、"一箭多星"发射技术等逐渐成熟，以及移动通信终端成本逐渐降低，建设广域覆盖、无缝互联、经济实惠、面向大众服务的卫星互联网成为各国关注的重点。英国世界唯优卫星有限公司（一网公司前身）2014 年提出建设 648 颗低轨小卫星星座、提供宽带互联网接入服务的计划。2015 年，美国太空探索技术公司（SpaceX）提出"星链"低轨卫星互联网计划，拟为个人用户提供低时延的低地球轨道卫星宽带互联网服务。2018 年，加拿大电信卫星公司率先发射"电信卫星"星座的试验卫星，低轨卫星互联网技术进入在轨验证阶段。尤其是 2019 年发射的"星链"星座试验卫星，验证了多星测控、卫星轨道提升与调整、卫星离轨等技术。截至 2022 年 11 月，"星链"已发射部署 3558 颗卫星，基本覆盖全球七大洲，包括南北两极的大部分地区。

低轨卫星互联网在军事通信方面也具有非常重要的作用。一方面可作为军事通信系统的补充和拓展，进一步增加通信容量、扩大通信范围，为作战单元和指挥系统等提供战术、战役数据链和通信保障；另一方面可在军事卫星通信系统失效或战场通信能力需求急剧增加时，快速发射卫星，为恢复和重建军事通信能力提供支持。俄乌冲突中就有典型应用，俄乌冲突爆发后，"星链"被迅速用于支撑乌克兰，在应急通信、数据中继、火力打击辅助等方面发挥了重要作用。

典型案例

TYPICAL CASE

“星链”低轨卫星互联网

“星链”星座由美国太空探索技术公司（SpaceX）于2015年公布，致力于为个人用户提供低时延的宽带互联网服务，采用“天星天网”组网模式，计划在300～1400千米的轨道间部署超过1万颗Ka/Ku或V频段卫星。该星座采取先实现美国本土全境覆盖、后完成全球覆盖的建设思路，具体分三个阶段建设：第一阶段在550千米轨道部署1584颗Ka/Ku频段卫星，完成初步覆盖；第二阶段在1110千米、1130千米、1275千米和1325千米的4种不同轨道部署2825颗Ka/Ku频段卫星，实现全球组网；第三阶段在335～345千米轨道部署7518颗V频段卫星，进一步增加星座容量。2019年10月，SpaceX通过美国联邦通信委员会向国际电信联盟申请再增加3万颗卫星，使“星链”星座卫星总数超过4万颗。截至2022年11月，“星链”已发射部署3558颗卫星。

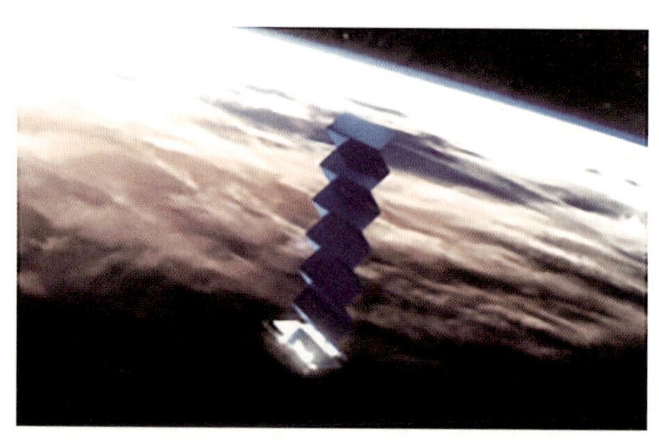

正在展开太阳电池阵的“星链”试验卫星

知识链接

KNOWLEDGE LINK

卫星的国际管理规则

卫星作为空间物体，发射和运营活动应遵循现行的国际管理规则。发射和运营许可方面，根据国际法，《外层空间条约》缔约国（美国、俄罗斯、瑞典、英国、法国、印度、比利时、荷兰、澳大利亚等）的卫星运营商须获得本国主管机构的许可，才能进行卫星发射和运营活动。频率和轨道资源方面，卫星运营商应遵守国际电信联盟《无线电规则》中的“先登先占”原则，在其卫星服务的计划启用前 2 ~ 7 年，通过本国政府主管机构，向国际电信联盟提交频率和轨道资源申请。空间碎片减缓方面，根据联合国和平利用外层空间委员会和机构间空间碎片协调委员会《空间碎片减缓准则》，卫星在运行期间应避免分离解体、任务结束后应离轨（最好是直接再入大气层）或机动到处置轨道。

14 弹性空间体系

拥有世界规模最大的空间系统一直是美军军事优势的重要依托。随着越来越多的国家发展空间对抗能力，美军认为其空间系统面临着被拒止、降级、干扰或者摧毁的威胁，于是衍生出“弹性空间体系”概念。2013 年 8 月，美国空军航天司令部在《弹性与分散式空间体系结构》白皮书中对“弹性空间体系”概念首次作出系统阐述。作为一种新型航天发展理念，弹性空间体系的目标是改变传统空间系统大型、复杂、昂贵的发展模式，将天基功能或传感器分散部署到多个空间轨道和卫星平台上，弥补空间系统脆弱性，提高攻防对抗条件下空间系统遂行作战保障任务的能力。

弹性空间体系具有体系抗毁、快速恢复、灵活适应等能力，主要实现途径包括功能分解、节点分散、手段多样、冗余备份、主被动防护、伪装欺骗等。弹性空间体系的核心是分散式空间系统体系结构，主要思想是将一个卫星星座具备的任务能力分解到更多卫星上，使多项军事任务不依赖于一个卫星星座；将卫星有效载荷分散到更多的卫星上；增加星座中的卫星数量。构建富有弹性的分散式空间系统体系结构，能够增强美军空间系统的体系抗毁能力，有效提升作战响应能力，同时，有利于及时引入新的技术能力。

近年来，美军一直探索空间系统安全响应问题，DARPA 曾开展过“F6”项目，将传统的航天器分解为能够分离的功能模块，面临威胁时自主快速分散，结构功能降低和部件失效时能够自主重构。目前，美军正在围绕提高“弹性”，对军事通信、导弹预警、侦察监视、战场环境、导航定位等空间系统重新开展体系设计，预计 2025 年开始新一代空间系统的部署。一些欧洲国家和日本等也正在进行相关论证研究。

构建富有弹性的分散式空间系统体系结构，能够增强空间系统的体系抗毁能力，有效提升作战响应能力。

弹性空间体系或将是空间系统发展史上一次变革性的概念创新，可能对未来空间发展产生深远影响。由于改变了传统单一大卫星“将所有鸡蛋放在一个篮子里”的模式，增加了潜在对手选取空间攻击目标的难度，增强了空间系统的抗毁性，降低了实施攻击的效果，提升了空间攻击的代价，有助于慑止对手发动空间攻击。同时，弹性空间体系也将面临诸多挑战：利用分散策略虽然能够降低单个卫星的复杂性，但整体空间体系设计、运行维护、系统集成等各方面难度加大，航天综合管理、效能评估等将更加复杂。

另外，美军进一步完善了“弹性空间体系”的内涵，提出“弹性”作为一种航天装备未来发展思路，并不意味着大卫星退出历史舞台，而是更加强调大、中、小各类卫星的综合运用，军、民、商航天系统高度融合，以提升体系的整体效能和安全可靠性。

DARPA“F6”项目概念图

知识链接

KNOWLEDGE LINK

“弹性”主要实现途径

“弹性”主要实现途径包括功能分解、节点分散、手段多样、冗余备份、主被动防护、伪装欺骗等6种。功能分解是指将功能分解到独立的平台和有效载荷上，例如单颗卫星不再同时携带通信载荷和监视载荷；节点分散是指一个系统利用多节点合作，实现任务或功能，例如GPS就是典型的节点分散系统；手段多样是指采用多种方式执行同一任务，包括利用商用、民用，以及国际合作伙伴的系统和能力；冗余备份是指部署更多同样平台、同样有效载荷、同类系统执行相同任务，例如在“宽带全球卫星通信系统”（WGS）星座中，部署冗余卫星，或增加下行链路和数据处理设备；主被动防护是指采取加固、轨道机动等措施，确保系统在任何运行环境下提供服务的能力；伪装欺骗是指隐瞒自身优势与劣势，实现行动突袭和战略突袭。

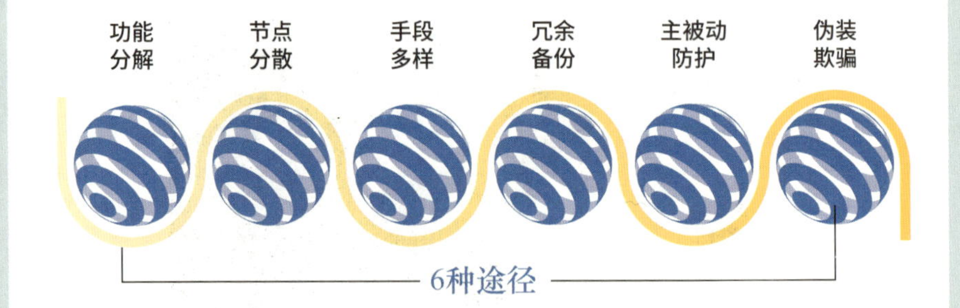

15 光学原子钟

现代战争中，导弹、飞机、舰船等都离不开导航系统，而导航系统又离不开授时。授时精准度对导航精确度具有极大影响。比如，1纳秒（10^{-9}秒）的时间测量误差会导致30厘米的定位误差。因而，发展高精度的授时装备，成为军民高科技领域的重要方向。

授时与导航

基于时间测距的导航系统将无线电信号从发射站到接收机的传输时间乘以光速并处理后得到目标距离和位置信息，同时经过一系列解算即可为用户提供运动目标的实时速度和航向信息，进而实现导航。

目前，时间度量精准性最高的是原子钟。讲到原子钟，就要先从原子结构说起。原子由原子核和核外电子组成，核外电子处在原子核外不同能级的轨道上。电子获得或失去能量时，就会从一个能级跃迁到另外一个能级。这种跃迁是原子的固有共振频率，不受外界影响，这种共振频率可作为精确的时间标准。形象地讲，原子钟就是利用原子中电子轨道间的能级差做的原子单摆。

原子钟在测量时间频率时，它的"尺子"就是原子共振时发出的波长，原子的共振波长可以覆盖从微波波段、光学波段到X射线波段，因此，以原子的微波波段共振频率作为时间频率基准的原子钟就是微波钟，以原子的光学波段共振频率作为时间频率基准的原子钟就是光学原子钟（Optical

世界上最精确的原子钟——锶原子光钟，精度非常高，160 亿年才产生 1 秒的误差。

Atomic Clock，以下简称光钟）。由于两者的工作频段不一致，其精度也不同，共振频率越高、波长越短意味着“尺子”的刻度越精细，对时间的度量也就越精确。当前，微波钟通常采用石英晶体振荡器作为本振，其产生的探测频率处于微波波段，通常为 10^9 ~ 10^{10} 赫，而光钟通常采用稳频激光器作为振荡器，其共振频率处于光波段，通常为 10^{14} ~ 10^{15} 赫，时间精确度约为微波钟的 1 万倍。世界上最精确的原子钟——锶原子光钟，160 亿年才产生 1 秒的误差。

虽然理论上光钟比广泛应用的微波钟更具优势，但是由于频率过高，通常需要借助更加精密的飞秒光学频率梳（简称光梳）系统计量。但光梳系统通常体积庞大，因而小型化光梳系统技术是亟待突破的关键技术之一。此外，研制光钟并广泛应用还需突破原子 / 离子操控、超稳激光等关键技术。

光梳

光钟跃迁频率很高，每秒振荡几百万亿次，为此，科学家发明了一种用来测量这种频率的“尺子”，被形象地称为光梳。光梳系统地输出在频域上是一系列单频梳齿，每个梳齿都是一个频率确定的激光，梳齿间隔可被视作连接光学频段与微波频段的齿轮。由于微波频率计量较简单，因而光梳可精确测量光学频率。

1975 年，美国华盛顿大学的汉斯 · 德默尔特（Hans Dehmelt）提出光钟概念。20 世纪末，德国和美国研发出光梳，解决了光学频率计量难题，为光钟工程应用研究奠定了基础。2000 年，美国国家标准与技术研究院（NIST）研发出首台光钟，即汞离子光钟。2007 年，欧洲启动“太空光钟”项目，研发能在太空环境下工作的光钟。2015 年和 2016 年，德国麦隆系统公司分别完成 2 次光钟搭乘探空火箭的微重力试验，证实光钟经历 10g 过载后，在微重力环境下仍能正常运行。2018 年麦隆系统公司进行第 3 次光钟搭乘探空火箭试验，进一步改进了光钟不确定度和冗余度，大幅减小体积和功耗。2019 年 5 月，NIST 研制出新型芯片级光学原子钟，实现了光梳等核心部件的微型化，功耗仅 275 毫瓦，是光钟小型化一大进展，向光钟的导航及通信应用又迈出重要一步。2022 年，德国联邦物理技术研究院与马克斯 · 普朗克核物理研究所、布伦瑞克工业大学合作，首次实现并鉴定了基于高电荷离子的光学原子钟。

NIST 紧凑型光学原子钟位于咖啡豆旁边

光钟一旦应用，将对卫星授时与导航定位及国防等相关领域产生深远影响。一是将再次引发时钟革命。光钟将在未来几年取代微波铯原子钟重新定义秒长，进一步发展后，远期将成为新一代星载时频标准，改变时间测距方式。二是实现厘米级卫星导航定位，提高精确打击能力。光钟能提供更加精准的弹体动态空间坐标与目标位置更新速率，因而导弹不需要进行导航增强技术处理就可实现米级精确打击。三是增强联合作战指控能力，为未来联合作战体系对抗提供可用性、精确性、可靠性、连续性和稳健性优异的统一时空标准。此外，光钟还将推动重力红移测量、物理规律检验和暗物质检测等基础科学技术发展。

典型案例

TYPICAL CASE

德国麦隆系统的光钟微重力试验

2015 年 4 月、2016 年 1 月、2018 年 5 月，德国麦隆系统等公司联合研制的光钟 3 次搭乘探空火箭进行试验，开启了光钟星载研究的新时代。

前两次试验中，光钟采用铷稳频激光器，频率达 384 太赫，试验证明光钟在加速度大于 10*g*、温度变化范围 ±0.03 开，以及太空微重力环境下的性能与在地面环境中相同。第 3 次试验中，光钟被发射至 238 千米高度，经历了 12*g* 的持续加速度和持续 6 分钟的微重力环境后仍能稳定运行。与此前两次发射的光钟相比，进行了以下改进：一是稳频激光器用碘取代铷，频率精确度更好；二是多设置了一个光梳系统，以提高系统冗余度和更好地确定激光器绝对频率；三是体积和功耗大幅减小。

二维材料是由一层或几层原子构成的结晶材料，结构特殊，性能优异，有望在材料领域产生颠覆性影响。

16

二维材料

2004 年，英国两名物理学家从石墨中开创性地分离出厚度仅为头发丝直径二十万分之一的材料——石墨烯，并发现这种单原子层材料具有非凡的电子学特性，因此获得 2010 年诺贝尔物理学奖。这标志着世界上第一种二维材料（Two-Dimensional Materials）的“诞生”。

二维材料又叫二维原子晶体材料，是由一层或几层原子构成的结晶材料，其结构有序，沿二维平面生长，在第三维度上薄至几纳米或更小，有许多异于其三维块体材料的新颖特点。比如，电子移动和热量扩散被限制在二维平面内，不能上下迁移，导电、导热性极佳；表面原子几乎完全裸露，原子利用率高，易于在原子尺度调控性能；具备柔性和高透明性。迄今为止已有约 700 种二维材料被实验或理论论证可以稳定存在。目前，石墨烯、硼墨烯、二维二硫化钼等较为典型。

石墨烯是由一层碳原子以六元环形式周期性排列组成的二维晶体，单层厚度为 0.335 纳米。石墨烯具有超凡特性：作为典型的零带隙半金属材料，导电性能优异；透光率高达97.4%，几乎完全透明；强度极高且韧性很好，其拉伸强度约是300M钢（飞机起落架用低合金超高强度钢）的70倍；热学性能优异；比表面积大，吸附性能优；奇数层石墨烯呈现强烈的非线性抗磁性，可以被永磁材料排斥而悬浮。石墨烯和石墨烯相关材料可广泛应用在半导体器件、柔性/透明显示屏、传感器、晶体管、海水淡化过滤器、可穿戴电子器件、监视器、卫星成像感光元件、磁悬浮列车等方面，在新能源电池电极材料、储氢材料、复合材料等领域也具有应用价值。

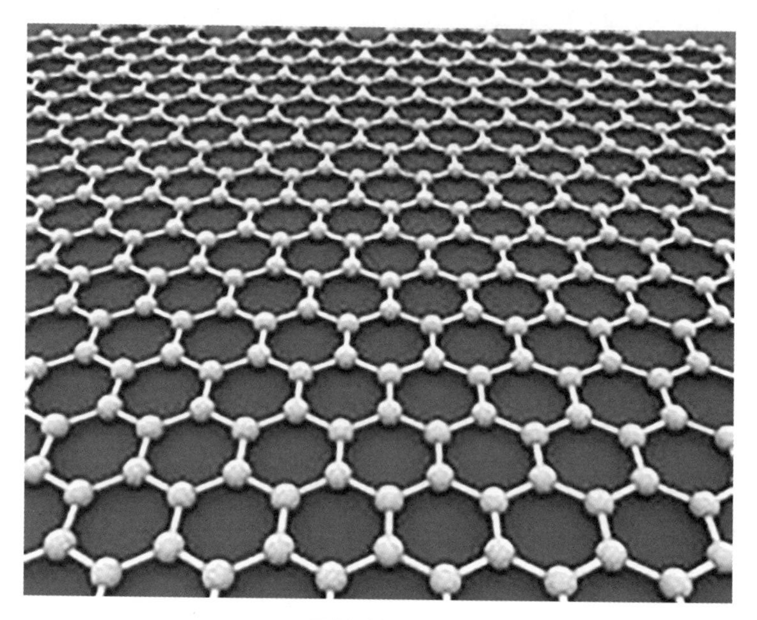

石墨烯结构示意图

硼墨烯是具有单层平面原子结构的二维硼，其力学性能与石墨烯相似，拉伸强度超过石墨烯，同时具备类似金属的性质和原子厚度。与石墨烯不同的是，硼墨烯的导电性在平面内具有方向性。硼墨烯能够如半导体一样传输各向异性的电子信号，且其传输的速度远大于其他各类材料。硼墨烯在电子器件、光伏发电领域具有特殊的应用价值。

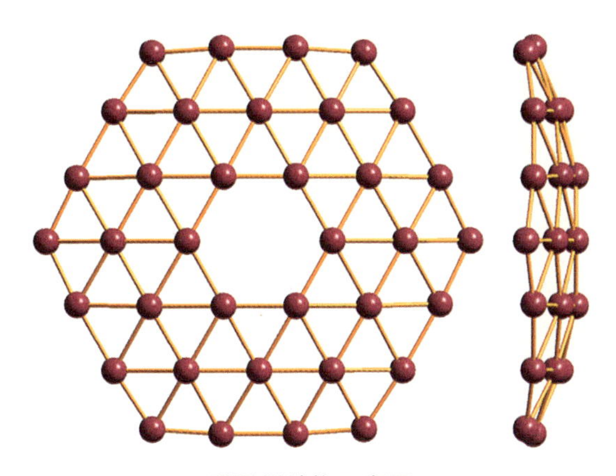

硼墨烯结构示意图

二维二硫化钼是层状过渡金属硫化物中研究最广泛、非常受关注的二维材料，它拥有带隙，是一种很好的半导体材料。二硫化钼的带隙是自带的，但是它的带隙和硅的带隙不同，二硫化钼的是直接带隙，而硅的是间接带隙，直接带隙的发光效率比间接带隙高得多。因此，二硫化钼在太阳能电池和光电领域非常有应用前景，有望改变感光器件的未来。

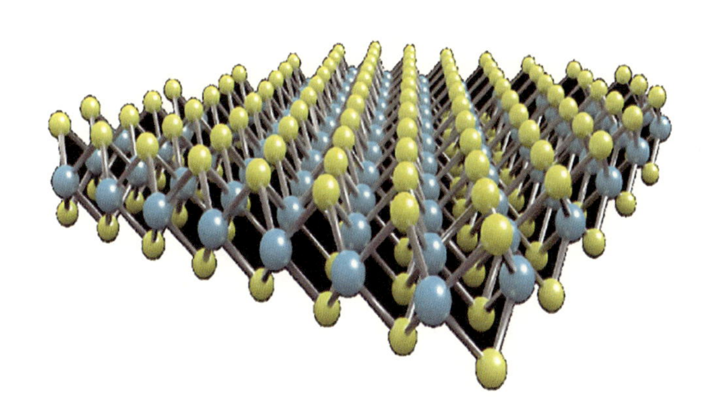

二维二硫化钼结构示意图

近十年来，美国、欧盟、英国及俄罗斯等有关国家非常重视二维材料的研发。美国国防部、能源部、国家科学基金会启动多个石墨烯及相关二维材料的研究项目。DARPA 先后在“半导体技术先进网络”“新兴光–物质相互作用”等项目中，探索二维材料在光电器件和超低功耗半导体器件上的应用。欧盟于 2013 年启动为期十年的“石墨烯旗舰计划”，投入 10 亿欧元进行研究开发。英国在 2015 年建立曼彻斯特大学国家石墨烯研究院，后又建设石墨烯工程创新中心，以此维持其世界领先地位。2017 年欧洲防务局开展了石墨烯材料未来在军事领域的应用及其对欧洲国防工业预期影响的研究。俄罗斯先期研究基金会也把二维材料作为先进材料领域的重要研发方向。

当前，二维材料发展面临三个主要挑战：一是大面积可控制备的问题；二是在原子级厚度上调节性能的问题；三是与其他材料的互连接合问题。尽管尚存在这些发展瓶颈，但其革命性的应用前景已初现端倪。特别是在军事上，一旦突破关键技术，现有元器件和装备性能可实现跃升，最突出的表现是由二维材料制得的元器件体积显著缩小，性能大幅提高，功耗明显降低。例如，夜视仪采用石墨烯传感器后，常温下就可捕捉几乎所有红外线，将摒弃传统的笨重冷却系统，显著减小尺寸；雷达采用二维氮化镓元件后，探测、光电侦察和电子对抗等战技性能有望大幅提高；由喷涂二维材料形成的纳米级厚度超薄天线，可用于各种形状的表面，推动士兵可穿戴设备的发展。

知识链接

KNOWLEDGE LINK

带隙

在物理学中往往形象化地用一条条水平横线表示电子的各个能量值。能量越大，线的位置越高，一定能量范围内的许多能级（彼此相隔很近）形成一条带，称为能带。固体材料的能带结构由多条能带组成，分为传导带（简称导带）、价电带（简称价带）和禁带等，导带底与价带顶之间的能量差即为带隙（或者称为禁带宽度、能隙）。能带结构可以解释固体中导体、半导体、绝缘体的由来。材料的导电性由导带中含有的电子数量决定，一般常见的金属材料，因为其导带与价带之间的带隙非常小，在室温下电子很容易获得能量而跳跃至导带而导电。而绝缘材料则因为带隙很大（通常大于 9 电子伏），电子很难跳跃至导带，所以无法导电。一般半导体材料的带隙约为 1 ~ 3 电子伏，介于导体和绝缘体之间。因此只要给予适当条件的能量激发，或是改变其带隙的间距，材料就可以导电。

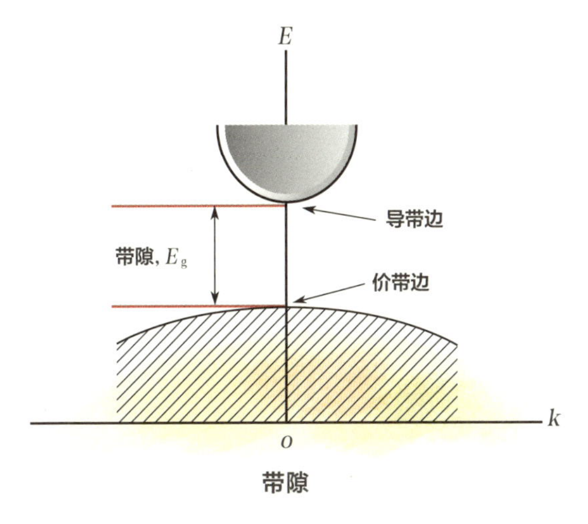

带隙

延伸阅读

EXTENSIVE READING

纳米材料

纳米材料是指某一维、二维或三维方向的尺度达到纳米量级（1 ~ 100 纳米）的材料，具有表面与界面效应、小尺寸效应、量子尺寸效应等特性。纳米材料可分为零维材料、一维材料、二维材料、三维材料。零维材料是指电子无法自由运动的材料，如量子点、纳米颗粒与粉末。一维材料是指电子仅在一个非纳米尺度方向上自由运动（直线运动），最具代表的是碳纳米管。二维材料是指电子仅可在两个维度上自由运动（平面运动）的材料，如纳米薄膜、超晶格、离子阱。三维材料是指电子可以在三个非纳米尺度上自由运动，如纳米粉末高压成型或控制金属液体结晶而得到的纳米晶粒结构（纳米结构材料）。

17 超材料

超材料（Metamaterials）是具有天然材料所不具备的超常物理性质的人工复合结构或复合材料，是与自然界物质的物理性质迥然不同的“新物质”，是当前材料科学技术的研究热点和前沿。2010 年，超材料被美国《科学》杂志评为 21 世纪前 10 年 10 项重大科学进展之一。

超材料主要通过设计和改变物质的微结构制成。作为人工复合材料，超材料能够通过人为设计和控制，以全新的方式对光（声）进行折射和操控，进而创造多种不寻常的光（声）学效果。现有超材料可分为电磁、声、热等类，包括负折射率材料、光子晶体、声学超材料等。负折射率材料可对电磁波进行调控，具有反向折射和透波隐身功能；光子晶体具有频率选择特性，

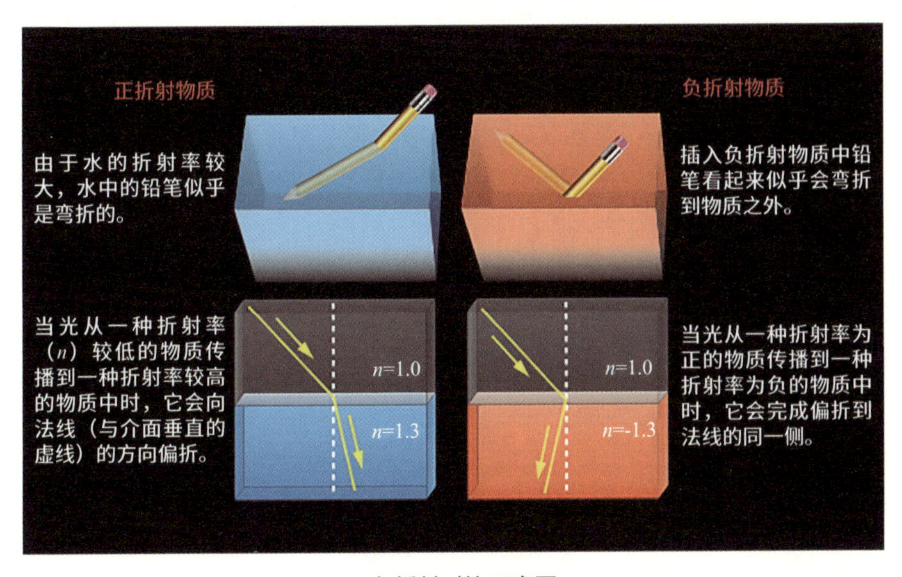

正负折射对比示意图

超材料是具有天然材料所不具备的超常物理性质的人工复合结构或复合材料，是与自然界物质物理性质迥然不同的“新物质”。

可以阻止某些频率的光波在其中传播；声学超材料能够实现声波的负折射、声聚焦、超透镜、隐身等功能。

左手材料是人们认识的第一类超材料，能够产生负折射现象，因电磁波在其中传播时遵循左手定律而得名。1968 年，苏联科学家韦赛拉戈发表论文证明这种负折射率材料是存在的，其后 30 多年，这方面的研究基本没有多少进展。2000 年，美国加州大学史密斯教授首次制备出这种材料，并通过实验观察到负折射现象。

近年来，超材料技术研究取得多项突破。从 2007 年开始，美国杜克大学就提出二维和三维“声学斗篷”的可行性，使声波能够绕过斗篷下的物体传播，并后续研制出样件。2015 年，美国爱荷华州立大学研发了一种柔性、可伸缩的超材料蒙皮，可帮助物体躲过雷达的侦察。2018 年，中国科学院声学所首次成功制备出三维水下声学隐身毯样品。2023 年，华中科技大学与新加坡国立大学合作，通过预先训练的深度学习模型，提出了深度学习赋能的热学超材料拓扑优化方法，设计了多种具有自由形状、背景温度独立、全方向功能的热隐身超材料，并通过数值仿真和热学试验验证了其良好的热隐身效果。同年，日韩科学家发明超材料透声装置，可将水声高效转化为空气声。超材料受到主要军事强国高度关注，美国国防部将超材料列为重点关注的六大颠覆性基础研究领域之一，其资助开发的多种超材料在隐身、成像探测、通信等方面的可行性已经验证，英国 BAE 系统公司将超材料作为未来新技术研发的重要组成部分，日本和俄罗斯将超材料列为下一代隐身战斗机的核心关键技术。

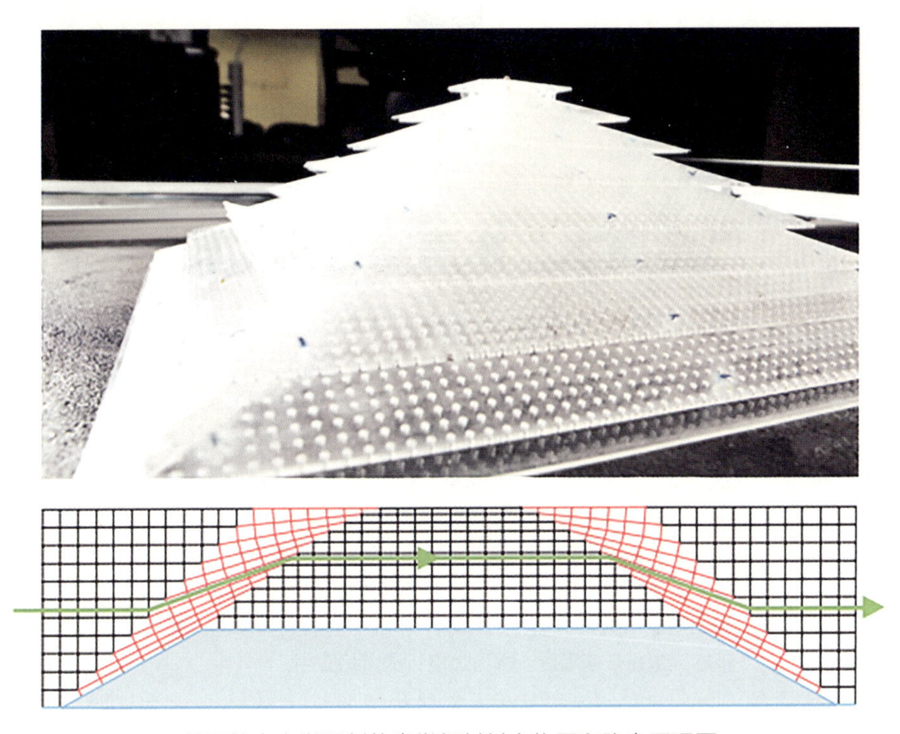

美国杜克大学研制的声学超材料实物图和隐身原理图

超材料作用特殊、前景广阔，但仍存在许多技术难点，如小尺度加工精度有待提高，批量生产工艺与技术还不成熟，工作频段需要拓宽，可隐身角度需要扩展到全向等。尽管如此，随着微尺度增材制造、太赫兹技术等领域的发展，超材料技术将不断取得突破和应用。

超材料延伸和拓展了传统材料的设计思想，其未来发展可引发通信、隐身、成像探测等多个领域的颠覆性变革。在通信方面，如超材料天线，通过微结构排布设计，可实现对指定频段电磁波的信号接收与发射，且其体积小、重量轻、可折叠，有望替代传统的抛物面或球形反射器天线。在隐身方面，如隐身覆层，可对探测入射波的传输路径进行控制，使其平滑地绕过所覆盖的物体，从而实现几近完美的隐身效果，可在飞机、坦克、潜艇等作战平台和单兵上得到扩展应用。在成像探测方面，可突破衍射极限对传统透镜分辨率的限制，按需任意调节工作频率，实现雷达、遥感、生物医学等成像探测效率的跨越式提升。

典型案例

TYPICAL CASE

“金属水”水声隐身超材料

“金属水”是一种水声隐身超材料，一般以金属为基材，因其力学性能与水非常接近而得名，可通过亚波长结构设计，控制声波平滑地绕过其覆盖的物体，极大降低反射声波的能量，从而实现水声隐身。与传统隐身材料相比，“金属水”具有作用频带宽、低频优势明显和全方位水声隐身等特点。美国国防部现在正在研发“金属水”水声隐身超材料，由美国海军研究办公室主管、美国威德林格公司牵头，美国海军研究实验室、海军水下作战中心等共同参与。其技术成果正在核潜艇、水雷上进行测试和应用。

18 泡沫金属

自然界的承载结构，如树木、骨骼、珊瑚等，常为多孔结构，这些自然进化的产物蕴含着重要的科学道理。受到天然多孔结构的启发，泡沫金属（Metal Foam）这类新型超轻多孔材料应运而生，在车辆、舰船、飞机、航天器、核装置等装备的防护领域显现出广泛应用前景。

泡沫金属，是通过在金属基体内人工形成大量三维多孔网络结构，实现物理与结构功能一体化。根据形成多孔结构的方式不同，这类材料通常分为两类：一类是直接通过发泡或扩散反应等方法在金属内部形成气泡，形成多孔结构。已经实现应用的有泡沫铝、泡沫铜、泡沫钢、泡沫镍等，其中泡沫铝因最具应用潜力而被誉为“金属之星”，也是当前功能材料研究的重点方向之一。另一类是在金属基体中嵌入由不锈钢或钛合金制成的中空金属球，形成复合金属泡沫材料，其典型代表是美国北卡罗来纳州立大学持续研发多年的复合金属泡沫（CMF）。

复合金属泡沫

先有泡沫金属，后有复合金属泡沫，是泡沫金属的一个新类型。目前，复合金属泡沫是最坚固的金属泡沫，其强度密度比是之前金属泡沫的 5 ~ 6 倍，能量吸收能力是之前金属泡沫的 8 倍以上。

泡沫金属通过在金属基体内人工形成大量三维多孔网络结构，实现物理与结构功能一体化，在军事装备结构和防护等领域有重要应用。

泡沫金属不仅保留了金属的导电性、延展性、可焊接等特性，而且还具有多孔材料的轻量化（泡沫金属体积的 75%~95% 由空隙组成）、吸能缓冲、减振隔振、消音降噪、电磁屏蔽等功能属性。而新型复合金属泡沫在力学性能、隔热性能等方面更具优势：比强度是普通泡沫金属的 5 ~ 6 倍；吸能性能比铝或不锈钢高 2 个数量级，是普通泡沫金属的 8 倍以上；隔热性能优异，钢质复合金属泡沫的热导率比铝低 2 个数量级；防辐射性能佳，钢质复合金属泡沫屏蔽 X 射线辐射的能力约为铝的 4 倍。

▲

比强度

材料的抗拉强度与密度之比，比强度越高表明达到相应强度所用材料的重量越轻。

泡沫金属兼具密度低、力学性能优、吸能性能好等特性，在军事装备结构和防护等领域有重要应用，已成为各国竞相研发的热点材料之一。在陆战装备领域，采用由陶瓷片 / 泡沫铝 / 芳纶纤维板组成的复合装甲来制作坦克、装甲车、防爆车的车身，在减重的同时提升抗冲击和抗侵彻防护能力。在舰船领域，泡沫钢和泡沫铝等泡沫金属，主要用于制作舰船防爆甲板、潜艇及驱逐舰机舱及其他舱室的减振降噪板 / 隔音墙等。在航空领域，泡沫铝是目前研究最成熟的一种泡沫金属。该材料以其优异的减重、消音、吸能特性，已用于飞机机翼金属外壳的支撑体、航空发动机短舱内衬、飞机电磁屏蔽夹芯板、直升机尾梁、直升机防护装甲、军用空投包装箱等。2009—2013 年，NASA 着力研究利用泡沫金属解决发动机的噪声问题，同时出资研究复合金属泡沫在飞机结构件上的应用。

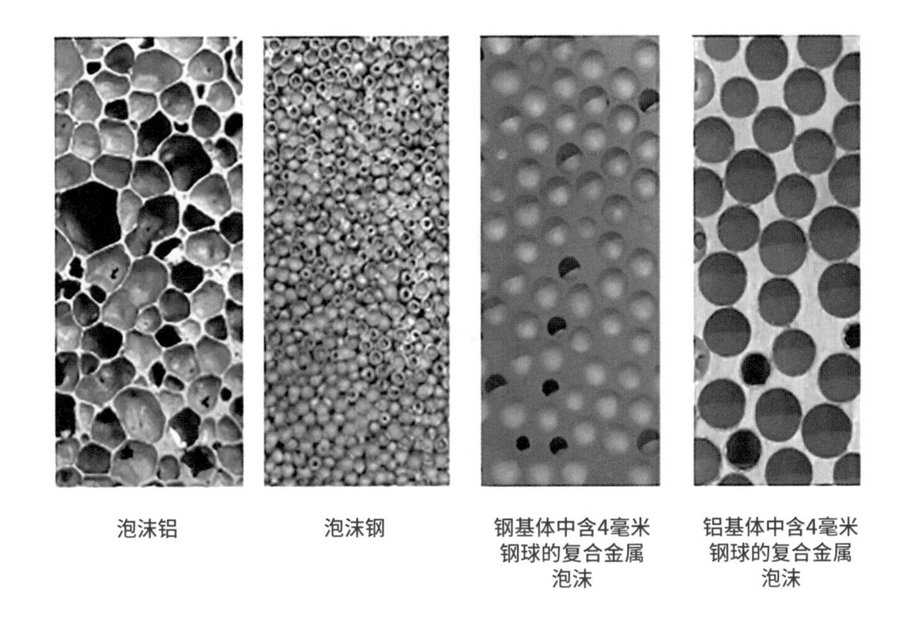

泡沫铝　泡沫钢　钢基体中含4毫米钢球的复合金属泡沫　铝基体中含4毫米钢球的复合金属泡沫

在航天领域，泡沫铝和泡沫钛应用较多，泡沫铝主要用于航天器缓冲防护结构、载人航天器环境控制系统和热控系统、固体火箭推进器护环、航天器紧凑型换热器、光学系统固态低温制冷装置等。泡沫钛主要用于航天器着陆冲击能吸收元件等。在核工业领域，复合金属泡沫显现出良好的抗辐射应用潜力。美国北卡罗来纳州立大学研发的低成本超轻复合金属泡沫，能够屏蔽高强度 X 射线、低能级 γ 射线和中子辐射，具有两倍于钢的耐高温性能，在核废料及危险品储运等领域有较大应用潜力，有望替代由锻造 304L 钢制造的转运放射性核废料的容器。

目前，泡沫金属研发已完成概念探索、结构设计和实验室研究等工作，为更好地提升性能和应用推广，还需在以下方面加强研究：持续优化大尺寸工程化用泡沫金属的低成本制造工艺；控制孔隙尺寸和形状的均匀性；寻找更有效的微米级增强剂，并开发实现纳米、微米级增强剂均匀分散和避免团聚的方法；探索复合金属泡沫的新概念，实现比传统泡沫金属更好的力学性能；深入了解各种泡沫金属的强化机理；借助理论计算指导泡沫金属及复合金属泡沫的制备，充分利用增材制造技术；降低生产成本。

典型案例

TYPICAL CASE

可用于下一代车辆防护的复合金属泡沫

M1“艾布拉姆斯”是美国陆军的主战坦克，其重量超过 70 吨，采用轧制均质钢装甲。2018 年，美国北卡罗来纳州立大学在陆军和 NASA 的资助下，开发出一种可用于战车的复合金属泡沫。这种材料的基体为不锈钢，内含大量空心不锈钢微球，能克服纯泡沫金属只能缓解爆炸破坏而不能防弹、防破片的弊端，而且可重复使用，弥补传统装甲材料“一次性”的短板。使用由该材料制成的装甲可为 M1 坦克带来 9 吨的减重，在不牺牲安全性的同时极大提升战车携载弹药量或士兵数。2019 年，该机构又制造出一种钢质复合金属泡沫芯材，其与陶瓷板、铝制薄背板共同构成的新型装甲系统，重量不足轧制均质钢装甲的一半，却能有效抵御穿甲弹的攻击，有望用于未来车辆的防护。

19 超高能含能材料

含能材料是一种在特定激发条件下会高速释放大量能量的物质，是各类武器系统（包括弹道导弹和巡航导弹）必不可少的毁伤和动力能源材料，是炸药、发射药和推进剂配方的重要组成部分。在现代战争中，武器装备要能“打得狠”，就需要不断研究发展新型含能材料。

含能材料已发展三代：第一代为梯恩梯（TNT）；第二代为黑索今、奥克托今；第三代为 CL-20。人们通常称这三代为“常规制式含能材料”，其能量密度在 10^3 焦 / 克的水平。超高能含能材料是指能量比常规制式含能材料

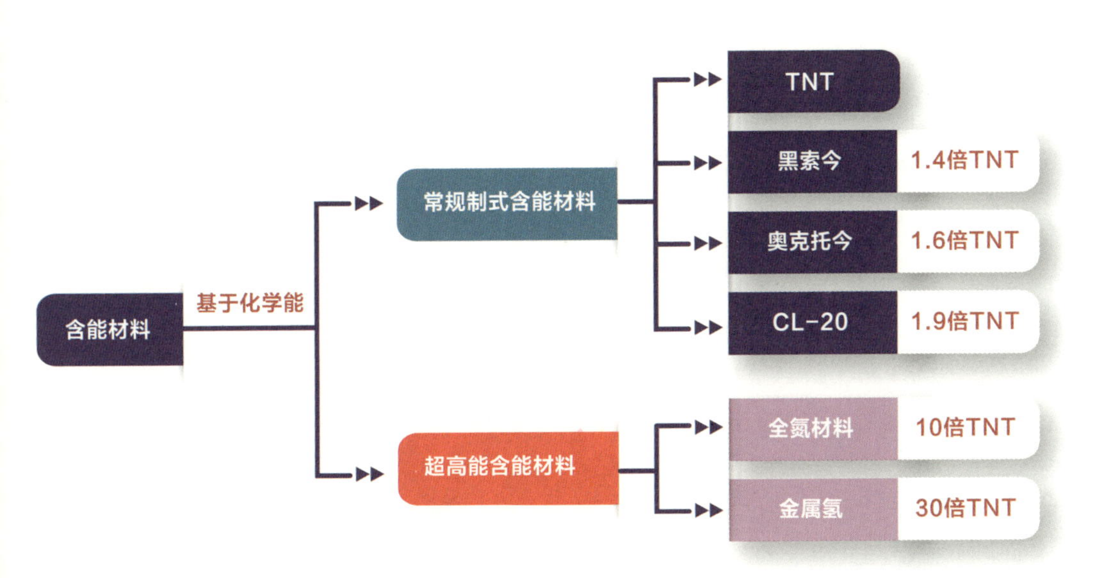

含能材料分类示意图

超高能含能材料具有独特的毁伤机理和作用模式，是推动高能毁伤技术创新发展的核心力量。

至少高一个数量级的新型高能物质。近年出现的超高能含能材料主要有全氮类物质、金属氢等，其中金属氢是迄今已知的化学能最高的含能材料。超高能含能材料不发生分子内的氧化还原反应，以结构能为主要毁伤能源，具有独特的毁伤机理和作用模式，是推动高能毁伤技术创新发展的核心力量。

目前，金属氢理论研究与实验探索虽然已取得重大突破，但离实际应用还有很大距离；全氮材料已处于实验室制备阶段。从世界各国情况看，美国在“超高能含能材料”研究各领域都具有较大优势，俄罗斯稳步推进超高能含能材料的研究和应用，德国、瑞典等国也在积极开展研究。

“超高能含能材料”可用作高威力炸药、高比冲推进剂和高能燃料，是引领未来军事科技发展的基础能源材料。一旦应用，将会大幅提升毁伤效能，有助于实现超远程推进。在以黑索今、奥克托今和 CL-20 等为基的推进剂中，要实现能量增长 5% 的目标都很困难，而以全氮材料为基的推进剂，可以将能量大幅提升，很好地解决超远程和超声速导弹、火箭动力不足等难题。

含能材料是各类武器系统必不可少的毁伤和动力能源材料，超高能含能材料是含能材料研究的热点和前沿领域，金属氢（Metallic Hydrogen）是迄今已知的化学能最高的含能材料。理论计算表明，金属氢的能量密度约为 1.42×10^5 ~ 2.16×10^5 焦 / 克，是第一代炸药梯恩梯（TNT）的 30 ~ 50 倍。

金属氢是固体氢在超高压状态下形成的一种颠覆性含能材料。氢在自由原子状态下，电子以电子云的形式在原子附近运动。在外部施加的压力作用下，氢原子间距不断减小，有一部分电子脱离各自的原子，成为共有化的电子，使其具有导电功能，有了金属属性；同时氢分子拆键，成为单个氢原

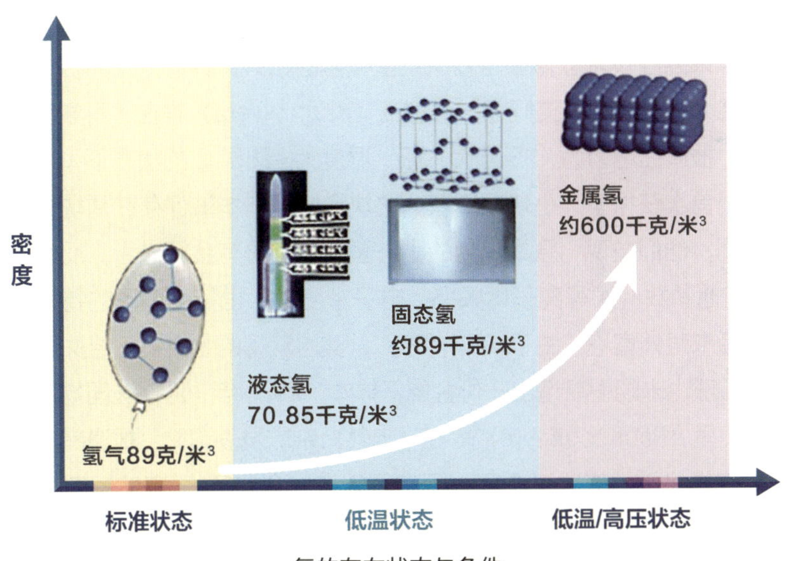

氢的存在状态与条件

金属氢是迄今已知的化学能最高的含能材料，能量密度是第一代炸药梯恩梯（TNT）的 30 ~ 50 倍。

子，重新有序组合后，金属氢原子间强烈相互作用蕴含巨大能量。当金属氢中的氢原子再次分离时，可以释放极为可观的能量。

曾参与美国“曼哈顿计划”、1963 年获诺贝尔物理学奖的核物理学家尤金·威格纳（Eugene Wigner）在 1935 年通过理论计算，首次预言在不低于 40 万大气压的压强下，固体氢可以向金属氢转变。此后，美国、俄罗斯、法国、英国等国开展了大量的金属氢理论与实验研究。1978 年，美国《物理评论快报》报道了采用磁压缩方法，使液氢在 200 万大气压时密度达到 1.06 克 / 厘米 ^{3}，成为导电的金属氢。1996 年，美国劳伦斯伯克利国家实验室利用超高压压缩法，观测到液态金属氢的瞬间存在。不过，由于当时表征手段不够完备，无法完全证实是否获得了金属氢样本。

近年来高压技术取得长足发展，金属氢的研究条件逐渐成熟。2017 年 1 月，哈佛大学物理学家艾萨克·席尔瓦（Issac Silvera）等在《科学》杂志发表论文，报道在压力为 495 万大气压、温度为 –268° C 的状态下，对氢气进行压缩，首次获得了一小块金属氢。这块金属氢样本被保存在两块微小的金刚石之间。他们发现，原本黑色的固态氢逐渐变得有金属光泽，反射率达到 0.91，其他参数（如等离子体频率、电子密度等）也符合金属的特性。但研究团队后来对外宣称，由于“操作失误”，实验获得的金属氢已经失踪，按照先前的方法也未能重新造出一份金属氢样本。2020 年 1 月，法国物理学家保罗·罗贝里（Paul Loubeyre）等在《自然》杂志发表论文，报道其实验中的压缩氢气样品特性变化可归因为固态氢转变为金属氢。《自然》杂志同期另一篇评论文章称其为“寻找金属氢历程中的里程碑进展”。

在纯氢体系中制备金属氢迄今尚未取得公认的完全成功。科学家通过对

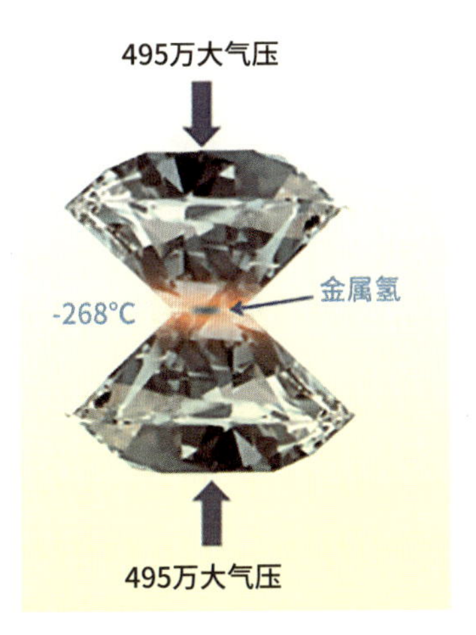

金属氢研究装置图

其他新概念含能材料的探索研究，不断深化对金属氢的认识。如对氢的同位素氘，比氢原子量更大的氮进行极端高温高压制备，得到液态金属氘、金属氮；在氢体系中添加其他元素，形成高氢含量的氢化物，利用非氢原子的压缩特性，在较低压力下实现金属状态。

金属氢具有能量高、原料成本低、生产及应用过程零污染等特点，具有重大的潜在军事应用价值。一是可用作高爆炸药。除用于制造金属氢武器外，还可作为聚变的点火材料，用于研制出不需要原子弹引爆的下一代氢弹。二是可用作超高能航天推进燃料。与现有运载火箭液氢 / 液氧混合燃料相比，金属氢理论比冲是其 3.5 倍，比推力是其 5 倍，理论上可实现运载火箭单级入轨，有望引发火箭推进技术革命。三是可用作高温超导材料。金属氢超导临界温度接近室温，远高于当前最好的“高温”（–123℃）超导体，可用于开发超导电磁推进系统、超导电磁炮、超导粒子束武器、轻质发电机、能量储存与输送系统等。四是可作为最优质的储能材料。由于相同质量的金属氢的体积只是液态氢的 1/7，由金属氢制成的燃料电池，具有高能量转换效率、低温快速启动、低热辐射和低排放、运行噪声低和适应不同功率要求等特性，可以用于潜艇、战车等常规装备。另外，从新概念装备角度看，金属氢是颠覆性含能材料的“皇冠”，一旦取得突破将孕育全新概念的高能毁伤武器装备，可能导致未来深空深海探测和空天装备等方面的技术革命，甚至从根本上改变战争形态和作战样式。

需要说明的是，金属氢研究尚处于探索阶段。按目前的理论模型，超高压是合成金属氢的主要手段，如何稳定实现 500 万以上的大气压是世界范围的技术难点。在此基础上，金属氢要获得实际应用还必须对超高压制备以及保存的极端环境条件进行大幅度改善，使其最终能够在尽量接近常规条件的环境中合成、保存和应用。

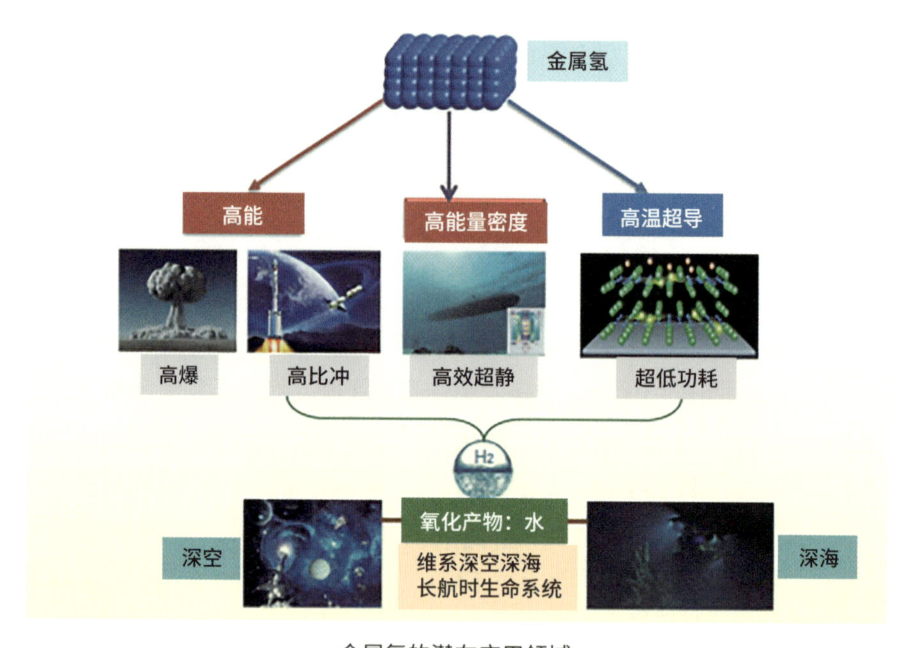

金属氢的潜在应用领域

21 纳米发电机

在未来的日常生活中，人们可以边走路边利用运动产生的能量给手机充电；在未来战场，微型军用机器人可以通过收集环境中如风、雨等微弱的能量，实现长久自我供电。这些愿景有望通过纳米发电机（Nanogenerator）技术实现。目前，我国在该技术领域处于主导和引领地位。

2006 年，王中林院士科研团队利用单根氧化锌纳米线的弯曲，实现了微纳尺度下微弱机械能向电能的转化，纳米发电机概念由此产生。随着科学探索与技术发展的不断深入，纳米发电机已不限于纳米尺度，一般被认为是利用位移电流的驱动力，将机械能有效转换成电能 / 电信号的一个技术领域。纳米发电机主要分为 3 种类型：压电纳米发电机，基于材料形变产生电荷极化进行发电；摩擦纳米发电机，基于材料接触起电和静电感应耦合效应发电；热释电纳米发电机，通过材料随温度涨落自发极化把外界热能转换成电能。

位移电流

位移电流由英国物理学家麦克斯韦提出，表示的是电场的变化率，主要包括两类电流：一是变化的电场产生的感应电流，是无线电波的理论来源；二是由材料极化而导致的电流，是纳米发电机的理论来源。

纳米发电机作为一种新的机械能收集技术装置，不同于传统电磁感应发电机。电磁感应发电机主要由复杂的电磁绕组和线圈组成，体积较大，常用于采集高频、大幅度和大输入功率的机械能。纳米发电机多采用柔性且纤薄

纳米发电机是一种新的机械能收集技术装置，被称为物联网和传感器网络时代的新能源技术。

的材料，选材广泛且加工成本低，可以根据附着物的情况制作成任意的尺寸和形状，便于微型化和集成化，常用于采集低频、微幅度和小输入功率的机械能。因此，纳米发电机未来可以与传统发电机互补，用于解决不同尺度的能源需求。城市乃至整个国家的能源供应采用成熟的电磁感应发电技术，而为可移动、分布式小型电子器件供电所需的小尺度能源，可由纳米发电机提供。目前，纳米发电机的输出功率密度最高可达 500 瓦 / 米 ^{2}，可基本满足小功率电子器件的能耗需求。

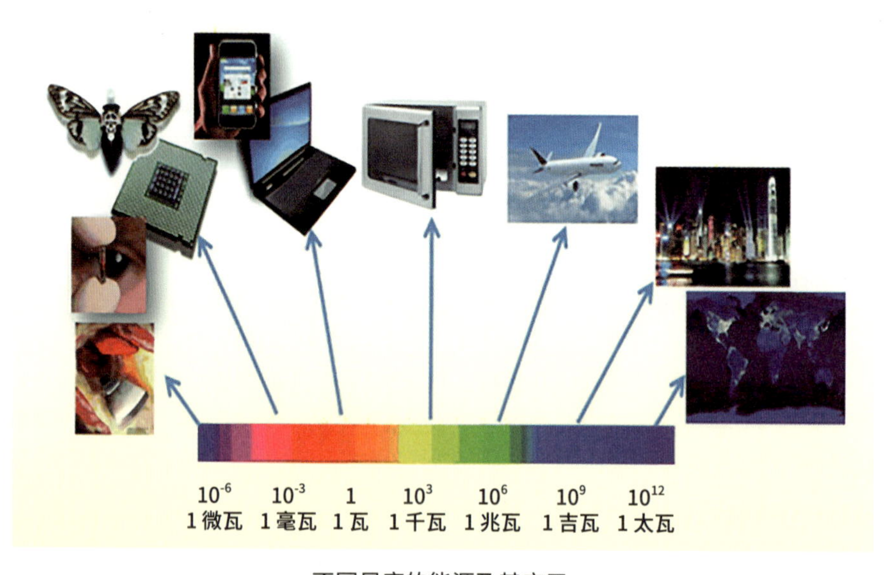

不同尺度的能源及其应用

纳米发电机技术被称为物联网和传感器网络时代的新能源技术，因其特殊而重要的作用广受关注，曾被英国《物理世界》、《麻省理工科技评论》、欧盟委员会等知名媒体和机构评为重大创新技术。2020 年，全球知名新兴技术市场咨询公司 IDTechEx 将摩擦纳米发电机列为下一个 20 年有助于人类社会发展的重要技术之一，商业价值巨大。截至 2021 年 7 月，已有超过 60 个国家和地区、830 个单位、7000 多名科学家从事纳米发电机的相关研究，研究范围涉及能源科学、环境保护、穿戴电子、自驱动传感、医疗科学和人工智能等领域。

智能化时代纳米发电机重要价值

纳米发电机凭借其重量轻、成本低以及材料和结构选择丰富等优点，具有多方面的应用价值。可作为微功率源使用，能有效收集生物机械能或环境能。例如：在轮胎中安装纳米发电机，可以利用轮胎微小形变产生稳定的能量，为电子设备供电；可以利用人体运动、心跳和微风等收集能量，为医疗或其他电子器件供电。可作为蓝色大能源的优选方案，如把多个纳米发电机单元集成到网络结构，铺设到海洋中，可用来收集海洋中的水能，为大尺度海洋能源收集提供全新技术方案。

纳米发电机在军事领域也具有巨大应用潜力。例如，基于纳米发电机的主动式声学传感器，不仅能够显著减小尺寸，而且平时不需要供电，遇声音信号即可发电激活，实现战场环境的实时感知处理，延长服役时间。纳米发电机还可在便携式自充电包、便携式无线通信装备、士兵体征自主监测设备等设计研发方面发挥重要作用。

目前，纳米发电机处在实验室向应用转化的过程中，还存在材料耐久性、能量管理、封装集成等技术难点，需要不断研发突破。

延伸阅读

EXTENSIVE READING

纳米发电机可用于收集海洋蓝色能源

海洋覆盖了地球 70% 的表面，蕴藏着巨大的能量，完全可以满足地球上所有的能源需求。基于纳米发电机的发电球可以高效地回收海洋中的动能资源，包括海潮、海浪、海流、海水拍打等。以单个发电球 10 毫瓦的输出功率计算，如果在山东省面积大小的海域，1 米深的水中布满这种纳米发电球，其发电功率是 1.58 太瓦，一年的发电量约为 13.8 万亿千瓦·时，接近 2020 年我国用电总量的 2 倍。这种发电网可以分布在远离海岸和航道的深水区，不会影响近海的人类活动。依托海洋“蓝色能源”战略，既可改善能源结构，又能减轻环境污染，可为实现“碳达峰、碳中和”目标作出贡献。

海洋纳米发电机网络构想图

4D 打印

随着技术的发展，人类的制造方式也发生着颠覆性改变，从大块材料切削成型到从多层基础材料叠加成型，增材制造技术成为近年来热点发展方向。目前，增材制造技术主要包含 3D 打印和 4D 打印（Four-Dimensional Printing）等。其中 3D 打印可在打印区域的长度、宽度和高度三个维度制造复杂结构件，构件的形状、性能和功能持久稳定，简单说，就是从一维逐步叠加成三维。4D 打印则在 3D 打印的基础上引入了时空维度：通过对材料或结构的主动设计，使构件的形状、性能和功能在时间和空间维度上能实现可控变化，满足变形、变性和变功能的应用需求。这种独特的能力使 4D 打印有望制造出具备颠覆性功能的产品，从而引发产品制造、装配、储存、运输等行业领域的变革。

3D 打印通过各种方式将原材料如同叠“砖块”一般逐层堆叠成型，具有高设计自由度、无需模具等优点。4D 打印采用经特殊设计和制备的新型材料，使这些“砖块”能够感知外界条件，随之产生形状、性能和功能的变化。4D 打印具有以下优势：一是制造特殊产品，如方便后勤运输的自组装设备、自我修复的自愈合装甲、特定情况下自销毁的高科技设备等。二是进一步提高设计自由度，如果说 3D 打印帮助设计人员摆脱了可制造性束缚的话，那么 4D 打印则打破了装配性的限制。4D 打印能够使设计人员不必完全拘泥于装配制约，设计出传统装配方式所无法组装的高性能产品。三是降低成本，借助该技术，小型增材制造设备可以先制造小体积的中间产品，然后将中间产品变形成为所需的大型中空结构产品，节省设备成本。此外，借助产品可变形、变性和变功能的特性，该技术还能够减少装配、物流和储存等环节的成本。

新型材料是实现 4D 打印的关键和基础。以变形为例，4D 打印材料按不同的刺激类型可以分为热响应材料、光响应材料、电响应材料、湿度响应

通过对材料或结构的主动设计，使构件的形状、性能和功能在时间和空间维度上能实现可控变化，满足变形、变性和变功能的应用需求。

材料以及磁响应材料等。热响应材料的变形主要由材料的形状记忆效应或形状变化效应驱动；光响应材料以及电响应材料通过吸收光线或电流的能量并将其转化为热量导致形变，从而实现材料对光/电的间接响应；湿度响应材料采用具有极高亲水性的聚合物材料，通过吸收水分使自身体积膨胀实现变形；磁响应材料是将纳米磁性颗粒与其他材料相结合形成，因而能够对磁场变化作出响应。

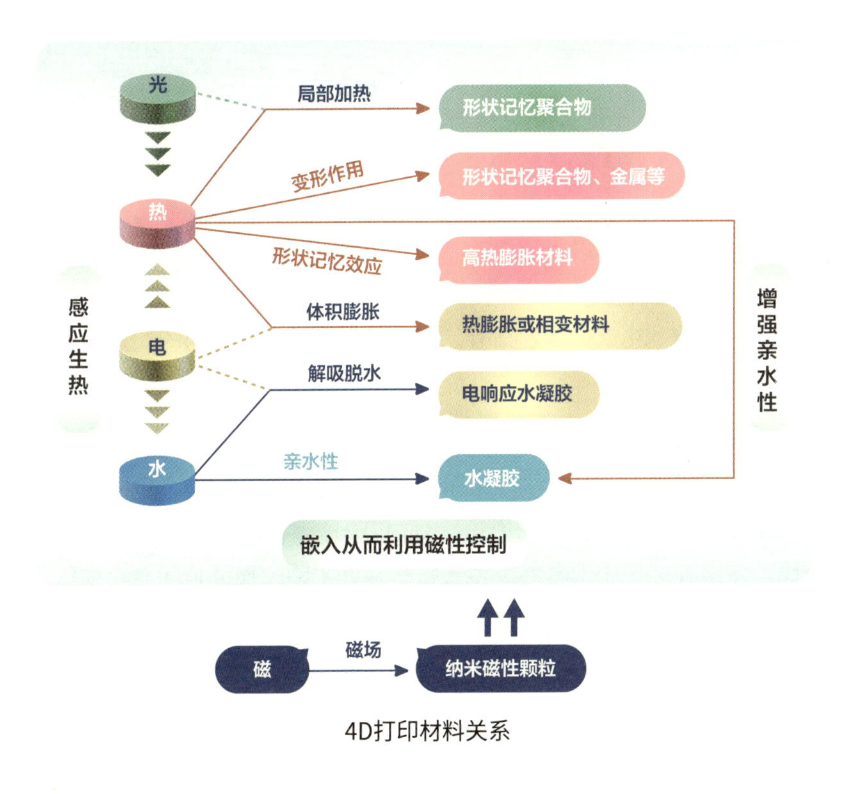

4D打印材料关系

4D 打印技术由麻省理工学院于 2013 年首次提出并进行展示：麻省理工学院自组装实验室的 Skylar Tibbits 将由该技术制成的复合材料链条置于水中，链条自动折叠形成预先设计的形状。近年来，我国、德国、日本、澳大利亚等国都积极开展 4D 打印技术研发。美国作为 4D 打印技术研发强国，在航空航天和国防领域进行了大量应用研究。2017 年，美国航空航天局采用 4D 打印技术制作出一种“太空织物”，这种织物具备两种不同的特性：光滑的块状金属表层可以反射阳光，内部结构则能够有效吸收阳光的热量，织物中复合材料在温度的作用下膨胀收缩，使金属表层展开或关闭，从而使织物具备了被动热管理功能；2018 年，美国陆军士兵纳米技术研究所（ISN）采用含有磁性微粒的弹性体复合材料，打印出一种有望在复杂战场地形以及狭窄空间中灵活爬行、翻滚、跳跃、抓取物体或递送药物的柔性机器人；美国陆军研究工程中心也正在积极开展 4D 打印技术研究，希望研制出能够抵御毒气的制服、可随周围环境改变颜色的伪装设备以及能实现自组装功能的武器。

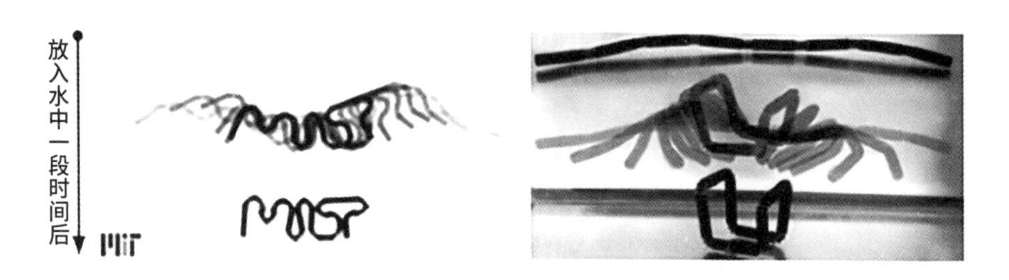

聚合物链条在水中自动形成“MIT”字样（左图）以及正方形形状（右图）

据国际知名市场分析机构预测，到 2025 年，国防军工应用将占到 4D 打印技术市场的 55%，成为 4D 打印技术最大的应用方向。未来随着智能材料、智能设计等技术的进一步发展，4D 打印技术在国防和军事领域的应用将更加广泛深入。例如，基于该技术有望发展出能够快速打印并直接投入使用的无人机或机器人，实现武器装备部件的现场制造；有望设计出能够根据飞行条件自动改变气动外形的机翼，增强武器装备的使用性能；有望制造出无需人工组装且节省运输空间的武器装备，改善武器装备的后勤保障需求。

延伸阅读

EXTENSIVE READING

DARPA“可编程物质”项目与4D打印技术

4D 打印技术的诞生源于 2007 年 DARPA 开展的“可编程物质”项目，该项目旨在使未来的军事装备能够根据指令改变形状。可编程物质的设想应用包括三维实体显示、可变形天线、可重构电子设备以及多功能现场制造设备等。DARPA 从模块化机器人、新型材料、纳米技术、微机电系统等多个领域对可编程材料开展研究，麻省理工学院参与了该项研究。在此背景下，麻省理工学院于 2011 年建立自组装实验室，并在 DARPA 的资助下开展了一系列可编程物质方向的研究，最终促成了 4D 打印技术的问世。

20 微纳制造

随着人们对产品小型化、精密化、轻型化的不断追求，传统制造在加工精度和尺度等方面难以满足要求，急需开发精度更高、尺度更小的制造技术，微纳制造（Micro and Nano Manufacturing）的概念应运而生。

微纳制造技术是指制造微米、纳米量级的三维结构、器件和系统的技术，呈现光学、机械、电子、电磁、化学等多学科交叉，宏观、微观、纳米大尺度跨越，加工材料复合多样（金属、硅、玻璃、陶瓷、复合材料），增材、减材等多工艺融合、变批量制造等特点。其关键技术包括：微纳结构设

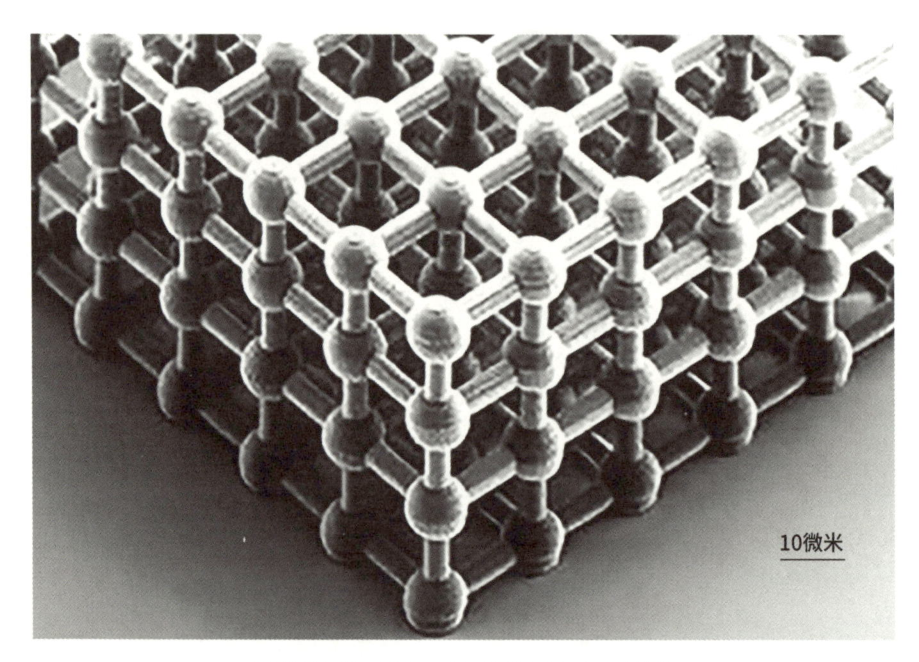

飞秒激光蚀刻加工的三维光子晶体示意图

通过微纳制造得到的微系统、微器件有力支撑了先进武器装备的小型化发展。

计、可规模化应用的微纳加工技术与专用设备、微纳操作与装配、微纳制造过程参数测量与综合评价等。其中，微纳结构设计又需重点关注跨尺度设计方法、微纳结构建模仿真、新材料应用等多个方面。

按照制造结构尺度的不同，微纳制造可分为微制造和纳米制造。微制造是用于尺度从亚毫米到微米级的微结构、微系统的制造，涉及微机械零件、微机电装置、微电子和光电子器件等；纳米制造是指构建具有特定功能纳米结构、器件和系统的制造，包括一维、二维和三维纳米结构。按照制造起点的不同，微纳制造主要是指“自上而下”，从宏观对象出发，以光刻技术为基础，对材料进行高精度加工；“自下而上”，通过控制原子、分子和其他纳米对象的相互作用力，把各种单元构建在一起，形成微纳结构或器件。

近年来，微纳制造在“自上而下”加工方向取得重大突破。美国首次把电子束光刻工艺的精度由 20 ~ 30 纳米提升到 1 纳米，可实现更精细的加工制造，推动更小、更复杂、更优性能的集成电路和微器件发展，加速军用电子元器件更新换代。荷兰阿斯麦公司攻克 250 瓦极紫外光源技术难关，可用于更小尺寸超高精度芯片的光刻作业，实现极紫外光刻技术里程碑式突破。

军事领域是最早、最大规模采用微纳制造技术的领域之一。通过微纳制造得到的微系统、微器件有力支撑了先进武器装备的小型化发展。例如：集成微系统的微纳卫星质量减至千克级甚至百克级，具有轨道高度低、信号损耗小、机动性强、抗毁性强、成本低等优点；可装入背包的微型导弹，利用惯性导航微型陀螺仪，可确保打击精度在 1 米以内；微型压力传感器用于弹道修正引信和确定弹丸侵彻着靶速度，显著提升弹药杀伤精准性；微型机器人可在危险区域开展情报侦察与组网监视。

延伸阅读

EXTENSIVE READING

原子制造

原子制造指通过直接操控单个原子，使材料在原子量级实现转移、去除或增加，进而组装与制造能够保持原子物理特性的宏观产品的技术。当操控的对象不是单个原子，而是原子量级的原子团簇时，又叫原子级制造，这也属原子制造的范畴。原子制造具有多学科交叉、设计自由度高、可按需进行功能定制、制造流程高效、适用材料广泛等特点。

原子制造是微纳制造尺度从微米、纳米逐渐走向原子尺寸后的产物，是对传统微纳制造技术的提升，为在更小尺度上实现微纳制造提供了新的途径。利用原子制造能够突破现有材料特性限制，将纳米尺度的原子、分子或纳米器件加工成至少为毫米级尺度的、具有预期功能的材料、器件或系统，并在全过程中保持原子级精度与性能不变，实现从原子到产品的巨大跨越。

24 数字孪生

在微观世界，有一种量子纠缠现象，即一个粒子的行为会影响另一个粒子的状态，即便它们相距遥远。在宏观世界，装备制造、使用领域也有类似的“纠缠”现象，一型装备会与计算机里的数字模型形成“纠缠”，相互影响，数字孪生（Digital Twin）就如同这种映射关系。

数字孪生概念由美国密歇根大学迈克尔·格里菲斯教授在 2003 年提出。随着物联网、大数据的兴起以及建模仿真等技术的发展，数字孪生的重要性和影响日益突出。2013 年，美国空军在《全球地平线》顶层科技规划文件中，将数字孪生列为改变游戏规则的颠覆性机遇之一；世界著名信息科技咨询公司高德纳（Gartner）在其发布的《2018 年十大战略科技发展趋势》报告中将数字孪生列为十大战略科技之一。

数字孪生是以数字化方式，通过运用实际制造和运行数据，为物理对象创建对应的虚拟模型，来模拟和预测其在现实环境中的行为，以支撑物理产品生命周期各项活动的决策。从本质上来看，数字孪生是对物理实体或流程的数字化镜像，它将物理世界发生的一切实时同步到数字空间，又返回来预测甚至调控物理世界将要发生的行为，如此往复交错影响。数字孪生创建需要集成人工智能、机器学习等技术以及传感器数据，建立可以实时更新、现场感极强的“真实”模型，并且形成数字虚体与物理实体之间的精确映射关系。数字孪生的典型场景有：制造中，建立已制造实体的孪生，在出厂前预测产品未来是否会出现致命缺陷；建立生产线的孪生，监管生产线的资产，预测安全问题和生产瓶颈。使用保障中，通过已制造实体的孪生，在使用中预测产品未来什么时候会出现什么故障 / 失效，并且在保障后更新孪生。

数字孪生是对物理实体或流程的数字化镜像，它将物理世界发生的一切实时同步到数字空间，又返回来预测甚至调控物理世界将要发生的行为。

近年来，数字孪生技术应用已逐步成为高端制造业的发展趋势，世界知名的达索、西门子、空客等企业都在大力推广和应用。据美国《航空周报》预测："到 2035 年，当航空公司接收一架飞机的时候，还将同时验收另外一套数字模型。"

由于武器装备研制、使用的高成本、高风险等特点，数字孪生在国防制造领域尤受青睐，美国国防部、航空航天局大力推动数字孪生技术的开发与应用。美国空军与波音公司合作构建了 F-15C 机体数字孪生模型，通过实

第五代战斗机F-35及其数字孪生战斗机

时数据采集，能够对机体结构进行跟踪、管理和预测，即可预测结构组件何时到达寿命期限，调整结构检查、修改、大修和替换的时间。洛克希德·马丁公司将数字孪生列为未来航空航天和国防工业六大顶尖技术之首，有效利用数字孪生提升美国第五代战斗机 F-35 的生产效率；该公司还在世界上首次将数字孪生技术运用到深空探测领域，地面人员可通过数字孪生对太空器运行状态进行实时仿真，并将仿真数据、指令数据和潜在问题的解决方案迅速回传，使宇航员更加有效地执行大量操作任务。美国国防部《数字工程战略》提出建立数字工程生态系统，将数字孪生作为数字世界和物理世界的核心纽带之一，要求不断扩展数字孪生的应用。

数字孪生的应用潜力巨大，但它的应用范畴并非无限。就目前的数字化技术手段而言，并非"一切都是可以数字化的"，数字世界和物理世界之间尚无法做到一一对应、完全相互映射。另外，成本也是影响因素，建立数字孪生所需资源和成本巨大，没有采购规模和大量投入难以具备经济可承受性。

延伸阅读

EXTENSIVE READING

数字孪生与赛博物理系统

2006年，美国国家科学基金会（NSF）首先提出赛博物理系统CPS（Cyber-Physical Systems）概念。2013年德国提出“工业4.0”，其核心技术就是CPS。CPS是一个综合计算、通信、控制、网络和物理环境的多维复杂系统，它能够通过对物理空间数据的采集、存储、建模、分析、评估、预测、协同等活动，使赛博空间与物理空间深度融合、实时交互、互相耦合、互相更新，进而通过自感知、自记忆、自认知、自决策、自重构和智能支持促进工业资产的全面智能化。数字孪生是CPS的必备技术构成，是建设CPS的基础，也可以说是CPS发展的必经阶段。

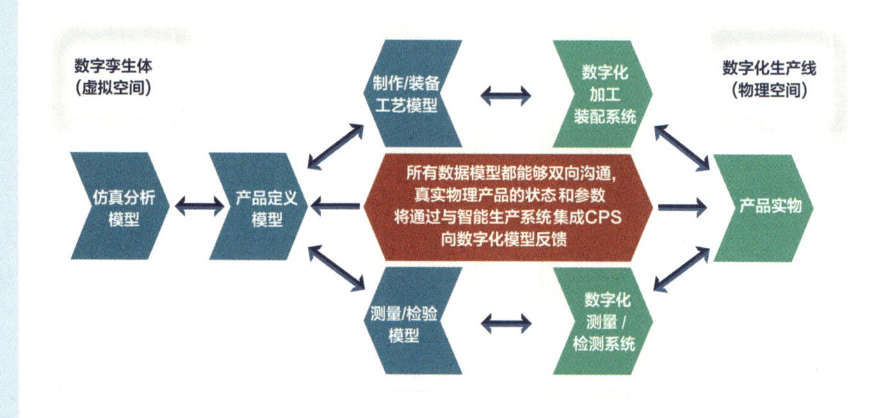

赛博物理系统（CPS）

纳米组装机器人

25

1959 年，诺贝尔物理学奖得主、美国曼哈顿计划的重要参与者理查德·费曼就提出：人类将来有可能建造一种分子大小的微型机器。近年来，随着纳米、生物和电子信息等领域技术的发展，这一预言逐渐成为现实。2016 年，三位科学家因发明"世界上最小的机器"——分子机器而获得当年的诺贝尔化学奖，同时标志着纳米组装机器人领域取得重大突破。

纳米即为百万分之一毫米，假如一根头发的直径为 0.1 毫米，把它轴向平均剖成 10 万份，每份的粗细大约就是 1 纳米。纳米组装机器人是纳米科学技术的重要研究方向，主要指按照分子生物学原理而设计制造的可对纳米空间进行操作的"功能分子器件"，也称分子组装机器人。其工作特点是可以与纳米级物体进行精确交互，通过搬运、操控原子或分子，改变物质的性质，也可组装形成其他方法难以制备的新物质。

纳米组装机器人通常由驱动、传感、供能、数据传输等装置构成。驱动装置是实现这类纳米机器人的前提。科学家们曾因找不到纳米级别的驱动装置，而怀疑纳米组装机器人能否被制造出来。1999 年，科学家合成出第一个"分子马达"，这种分子纳米装置受紫外光脉冲照射后能缓慢旋转。经过十余年的不断优化，到 2014 年，这种"分子马达"已实现 1200 万转 / 秒的转速。"分子马达"的突破性进展使纳米组装机器人领域取得重大进步。

近年来，纳米组装机器人研究越来越热，并取得了一定进展，部分国家已经研制出样机。美国在纳米组装机器人的设计和研究方面处于世界领先地位。2010 年，美国哥伦比亚大学成功研制出一种由 DNA 分子构成的纳米蜘蛛机器人，这种机器人的长度比人类头发直径的十万分之一还小，能够跟随

纳米机器人可与纳米级物体进行精确交互，通过搬运、操控原子或分子，改变物质的性质，也可组装形成其他方法难以制备的新物质。

DNA 的运行轨迹自由地移动、转向和停止，并且能够自由地在二维物体表面行走。经编程后，纳米蜘蛛机器人具备自动完成任务的潜力，如识别并杀死癌细胞、清理动脉血管垃圾等。2017 年，英国曼彻斯特大学研制出一种由 150 个碳、氢、氧、氮原子组成的"分子机器人"。该机器人拥有机器手臂，能根据化学指令操控单个分子，完成分子产品搭建组装，未来可用于药物研

曼彻斯特大学"分子机器人"概念设想图

发、设计先进制造工艺以及搭建分子组装线和分子工厂。2022 年，来自加州大学圣地亚哥分校的研究团队开发出一种藻类－纳米颗粒混合微型机器人，可用于肺部感染的体内治疗。此外，日本、以色列等国在纳米组装机器人的研发方面也走在世界前列。

当前，虽然纳米组装机器人的研究工作仍处于初级阶段，但已从第一代由生物系统和机械系统的简单结合（例如，用碳纳米管作为结构件，“分子马达”作为动力组件，DNA 关节作为连接件等）发展到第二代，即由原子或分子组装的具有特定功能的分子器件（例如直接用原子、DNA 片断或蛋白质分子组装而成），未来还将向第三代包含纳米计算机在内的可进行人机对话的操控性纳米组装机器人发展。第三代纳米组装机器人目前还处于概念设想阶段。

纳米组装机器人在精准医疗、材料研发、能量存储等方面潜力巨大，而其极具颠覆性的军用潜力近年来成为军事强国的重要着力点。如 DARPA 在 2012 年就推出“体内纳米载体平台”（IVN）项目，开发生物相容的纳米平台，利用纳米机器人等在体内自主移动特性，实现对多种疾病的快速诊断和治疗。根据 2018 年 4 月《自然通讯》报道，美国陆军研究办公室资助俄亥俄州立大学的一个项目，取得分子机器人控制技术重大突破。未来，纳米组装机器人可用于传统武器装备研制，可通过在材料中嵌入纳米组装机器人使武器装备在战场上实现自我修复；还可利用纳米组装机器人开发新的作战手段和方式。如让一定数量、带有特殊功能的该类机器人进入敌方人员身体，对其肌体或精神造成一定影响，达成任务目标。当然，这种技术是一把“双刃剑”，不可控性很强，一旦失控可能带来灾难性后果。

TYPICAL CASE

美国研究利用纳米组装机器人分拣分子

2017 年，美国加州理工学院研究人员构建出一个由 DNA 构成的纳米组装机器人。该机器人包括三个基本模块：一条有两只“脚”的“腿”、一只“胳膊”与一只用于抓取分子的“手”，以及一个可以识别特定释放点并向“手”发出分子释放信号的片段。研究结果显示，该机器人可在 24 小时内成功将散布于不同位置的 6 个分子搬运到正确位置。这种纳米机器人可在表面的任意初始位置处理数十种分子，能用于在人造分子工厂中合成药剂，向血液或细胞发出特定信号后运送药物，或者对分子进行分拣以高效利用。

两个DNA机器人执行分拣任务概念图

26 智能微尘

情报收集是战争博弈的关键领域。未来战场，会出现像沙粒一样，甚至比沙粒还小的智能"间谍"，弥散在目标区域，收集战场信息，自主智能联结，助力指挥决策。这种微小"间谍"就是一种典型的"智能微尘"（或称"智能灰尘"）。

微型化、智能化、集成化及网络化一直是传感器的发展方向。20 世纪 90 年代 DARPA 开始资助智能微尘监测网络项目，项目主要内容是由一系列带有通信模块的微型传感器，共同组成一个分布于目标环境的监测网络，每一个传感器就是所谓的"微尘"，这些成千上万的"微尘"通过自组织方式构成无线网络，收集环境数据（温度、气压等），再传输到终端计算机（或云端服务器）进行分析和处理。多年来，DARPA 对智能微尘相关项目持续关注和投入。例如，DARPA 在 2005 年启动的"精确城市战斗系统"（PUCS）计划把"智能微尘传感器网络"项目列为 5 个子计划之一，该项目旨在开发一种易于部署和隐藏在城市人群中的极小传感器节点，并能充分利用密集城市空间网络，对城市战斗空间进行持续的侦察监视与目标捕获。

智能微尘实际上是一种极其微小的传感器系统，主要运用了微机电系统（MEMS）技术、信号处理技术、嵌入式计算和通信技术等，其中每一粒微尘由传感器、微处理器、通信系统和电源 4 个主要部分组成。智能微尘的特点是体积微小，能耗低，具备多功能传感与探测、信息处理与存储、双向无线通信、能源自供给与管理等功能，它既可以独立工作也可以多系统协同工作。

近年来，随着无线通信、微处理器、MEMS 等技术的快速发展，智能微

智能微尘是一种极其微小的传感器系统，其体型比沙粒还小，弥散在目标区域，收集战场信息，自主智能联结，助力指挥决策。

尘的应用领域越来越广，比如生化攻击预警、健康监控、森林火灾预防、海洋区域监视、交通流量监测等。与此同时，智能微尘发展还存在一些技术难点，比如智能微尘网络安全控制问题，所采集的超大规模数据及时处理问题，目标区域弥漫的智能微尘检测、捕获及清除问题等。

未来战争中，随着大数据、人工智能、物联网等新兴技术领域的发展，智能微尘的应用和影响将不断扩展。它将使传感网络的触角延伸至战场的多个角落，并可与情报、侦察、监视、预警等信息实现综合集成，极大拓展战场指挥信息获取的广度、速度、深度，有助于更加准确地感知战场态势，使指挥决策更加灵活、高效。

EXTENSIVE READING

智能微尘概念的提出

在 DARPA 的资助下，2001 年加州大学伯克利分校的皮斯特教授经研究首次提出智能微尘的概念。在其构想中，智能微尘属于一种分布式传感器网络系统，包含由多个智能微尘组成的数据收发器。研究中，将大量智能微尘传感节点随机投放到目标环境中，对周边环境的温度、加速度、磁场等各类参数进行监测，并通过无线网络进行有效的通信，将目标环境的信息发送到接收器中进行分析与精确处理。

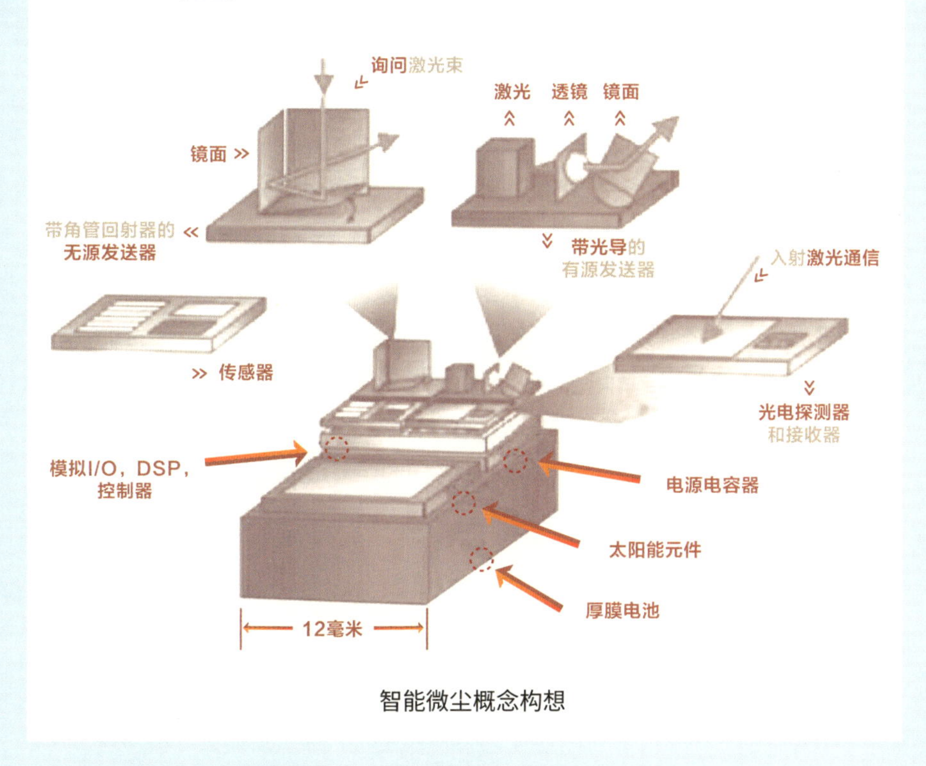

智能微尘概念构想

27 人效增强

长期以来，打造“超级士兵”一直是主要国家增强作战人员能力、提升部队综合战力的重要目标。近年来，仿生技术、信息技术、生物医学、人工智能等的发展、融合与应用，推动了人效增强技术的快速发展，增进了人体不同方面能力的延伸和扩展，使“超级士兵”距离现实越来越近。

人效增强属于综合性技术领域，是通过使用可穿戴装置、药剂、生物医学或其他技术，增强人体机能、智能或弥补人体某些缺失能力的多种技术的统称。人效增强主要应用于单兵，能大幅提升作战人员的感知、体力、耐力、速度和认知力，是科学技术与人体之间最直接的作用通路。从目前的应用领域来看，人效增强主要分为四个方面：一是增强感知，通过运用视听、信息、通信等技术，使作战人员的战场态势感知能力突破人眼可视范围或瞄具作用距离；二是增强认知，采用药剂、神经假肢、脑刺激技术及其他生物医学手段，保持或加快恢复作战人员身体机能，提高学习效率与记忆力，助力提升认知与决策能力；三是增强体能，通过机械、人因工程、动力等技术，增强作战人员的体力、速度、耐力等，提升携行与机动能力；四是增强防护，通过运用材料、生理、信息等技术，在传统作战服 / 防弹衣功能基础上，集成多种小型传感器，集防护、温度调节、伪装、生命体征监测等功能于一体，提升作战人员的防护与生存能力。

世界主要国家对人效增强技术的研究已开展多年，单兵智能可穿戴信息设备、多功能作战服、机械外骨骼、增强药剂 / 生物医学等领域发展活跃并多有应用。美国“奈特勇士”、俄罗斯“战士”-3、法国“菲林”V2 等士兵系统配有智能手机或类似智能终端，能实现话音通信、数据和视频图像传输。

人效增强是指通过使用可穿戴装置、药剂、生物医学或其他技术，增强人体机能、智能或弥补人体某些缺失能力。

DARPA 于 2011 年启动“勇士织衣”智能作战服项目，通过功能结构件、致动器等将负重分布于士兵全身，能减轻负重对士兵关节的损伤。目前，美国、俄罗斯、法国等在人体外骨骼研究上走在前列，美国陆军“人体负重”外骨骼可使士兵最大负重从目前的 45 千克提升到 90 千克，行进速度达 16 ~ 18 千米 / 小时。法国“大力神”外骨骼是一种组合式全身外骨骼，士兵穿戴后可轻松提起 40 千克重物。美国的“不夜神”增强药剂已在 20 多个国家上市，该药剂可刺激脑部神经，士兵服用后，能在数天不睡觉的情况下保持头脑清醒和作战体能。

美国陆军研制的“第三只手”机械臂

随着人工智能、生命科学、新型材料、先进能源等领域技术的发展，作为综合性技术，人效增强也呈现出以增“智”为核心的新趋向。在人脑智能方面，通过先进生物医学技术，不断提升人的智力，比如：DARPA“主动恢复记忆”项目可提高战斗人员的反应速度和瞬间记忆能力；美国空军研究实验室正开发经颅直流电刺激技术，通过向脑部通电，提高注意力和学习能力。在机器智能方面，通过机器学习、智能仿生等技术，使人体机能辅助装置更加智能化，更好地配合人的意志和行为。美国陆军开发的“强音”外骨骼系统能利用人工智能技术分析和感知人的行走模式，不断提高使用效率。后续，外骨骼还能预判使用者的下一个动作，学习其步法和肌肉运动，在其受伤或行动受限时协助移动。在人机融合方面，脑机接口、脑与认知神经科学等领域的技术发展，将有效促进作战人员与半自主、自主武器装备的交互融合，实现作战人员的超级认知、快速决策和脑控作业等能力。

典型案例

TYPICAL CASE

美国“超柔”外骨骼

作为 DARPA“勇士织衣”项目的一部分，美国斯坦福国际研究所 2016 年推出“超柔”外骨骼，主要用于避免和减轻作战人员在战斗中受到的肌肉骨骼损伤。该外骨骼集成四种创新系统：柔性支架，一种可将力均匀分布在腿上的弹性带；柔性驱动系统，一系列弯曲时会变短的细绳，重约 0.45 千克，在使用条件良好的情况下能顺利激活约 100 万次；柔性控制系统，采用弹性和 4D 材料，能够在关闭时改变力学性能；e-Flex 系统，由刚度可变的轻型柔性电控弹簧构成，能够存储能量并限制运动范围，避免损伤或疲劳。与动力驱动下肢外骨骼相比，“超柔”外骨骼具有极高的舒适度，未来可用于辅助老年人行走和作战人员负重，还可为人的腿部、手臂或躯干提供一定的支撑力。

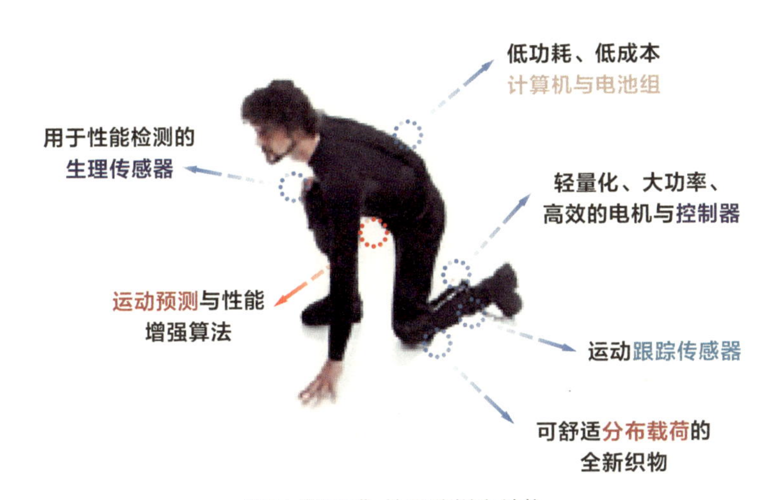

美国“超柔”外骨骼样衣结构

赛博格

“赛博格”（Cyborg）是一种人工控制的生物体，是在控制论指导下把科技人造物和生物体重新融合而成的半机器半生物杂合体。近年来，随着生物、信息、材料、光电等技术的快速发展和神经接口技术的进步突破，曾被认为属于科幻世界的“赛博格”正逐渐成为现实。

控制论

控制论是研究生命体、机器和组织的内部或彼此之间的控制和通信的科学。1948年，美国人维纳的著作《控制论——关于在动物和机器中控制和通信的科学》出版，是控制论诞生的重要标志。控制论的核心问题是从一般意义上研究信息提取、信息传播、信息处理、信息存储和信息利用等问题。钱学森认为，控制论是20世纪继相对论和量子力学之后又一次科学革命。

实现“赛博格”的主要技术途径为：把能够收发信号的控制器植入生物体，通过特制电极与神经相连，把外部信号传入生物体，控制生物体产生特定行为；或者，把生物体的信号反馈给外部机械体，控制机械体产生特定行为。有学者认为，根据生物体与植入物组合的程度和方式不同，“赛博格”可分为四类：①填补型，即生物体的某些部分被简单器械所取代，且主要由力学信号进行控制，如植入仿生肌肉、力学反馈型义肢的人，属较低层次的“赛博格”；②器置型，即生物体的某些部分被复杂器械所取代，且主要由复杂生物电信号控制，如植入意念控制假肢的人；③代理型，即完全是机械体，不具有生物组织，但受生物体意识的控制；④虚拟型，即具有虚拟的本体和虚拟的感官刺激，但能把在虚拟世界受到的刺激，直接反映为现实生物

随着生物、信息、材料、光电等技术的快速发展和神经接口技术的进步突破，曾被认为属于科幻世界的“赛博格”正逐渐成为现实。

体的真实刺激，属于高层次的“赛博格”。目前的技术开发主要集中在器置型和代理型两种类型。

“赛博格”概念诞生于20世纪美苏军备竞赛时期。当时，美苏飞行器高度和速度竞相提升，导致飞行员身体和大脑面临极端环境下的诸多未知生理和心理问题。美国开始探索通过人工装置来改造人体，以适应空间环境。1960年，两位美国医生先向空军递交《药物、太空和控制论：“赛博格”的进化》报告，后在《宇航学》杂志发表《“赛博格”与太空》文章，并在文章中提供了史上第一个“赛博格”的照片：一只在尾部皮肤下植入渗透泵的实验白鼠，渗透泵能以缓慢可控的速度向白鼠注射化学物质。军方对此概念很感兴趣，开始资助一些研发项目，但都因人机交互和控制技术的限制而失败。

近年来，生物交叉领域快速发展，受微小型飞行器军事需求牵引，美军再次关注“赛博格”。DARPA认为，当微型无人系统缩小到一定程度，动力

第一个“赛博格”照片

和工程制造技术几乎达到极限，且成本高昂；与其把机器人设计成昆虫大小，不如把昆虫变成有用的机器人。2006 年，DARPA 启动“杂合昆虫微机电系统”项目，开发一种可受控飞抵目标 5 米内的“赛博格”昆虫，其技术路径为：在昆虫幼虫或蛹阶段植入微机电装置，连接神经或肌肉，组织生长愈合并形成可靠的接口；发育成会飞的成虫后，昆虫运动方式和路径就可受外界光电刺激的控制。2008 年，美国康奈尔大学开发出基于微机电系统的神经接口，首次验证了控制昆虫飞行的能力。2009 年，加州大学伯克利分校利用植入式无线神经刺激系统实现对甲虫的飞行控制。2020 年，美国海军研究办公室资助圣路易斯华盛顿大学开发的“赛博格”蝗虫，成功验证了探测爆炸物的能力，标志着“赛博格”技术应用研究的重大突破。除昆虫外，研究向更高级的哺乳动物扩展。例如，纽约州立大学研究制造可通过无线电脉冲远程控制的老鼠，有望用于在难以进入的空间和环境执行特殊任务。英国、法国、西班牙、新加坡等国也在相关技术方面取得重要进展。

“赛博格人”的出现使该技术进入新探索时期。2012 年，英国全色盲男子尼尔·哈尔比森成为世界首个政府承认的“赛博格人”，他利用与脑部相连的天线式摄像头来“看到”不同的颜色，并且该装置成为其身体的一部分。DARPA 看到该技术在单兵身上的极大潜力，启动“恢复主动记忆”“神经工程

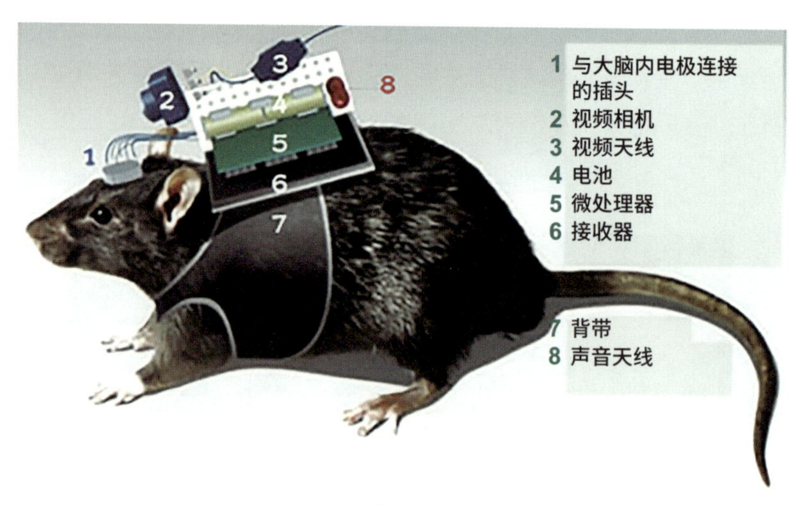

“赛博格”老鼠概念图

系统设计”“下一代非侵入性神经技术”等多个与神经接口有关的项目。2020年，DARPA又启动“先进的环境适应和保护器”（ADAPTER）项目，开发可控释放微生物或化学物质的电子植入物，调节士兵作战环境下的生理机能，应对不安全饮食和睡眠紊乱。这些项目表面上是医疗目的，但也可为创造“赛博格人”奠定技术基础。2019年，美国陆军作战能力开发司令部曾发布预测报告，认为美军在2050年或能实现战斗力非凡的“赛博格”士兵。

目前，该技术已在昆虫、老鼠等动物上形成长期研究积累。未来，一些具备飞行、跳跃、游泳、攀爬、钻地等特殊能力的动物都可能被改造成“赛博格”，其逼真的伪装性和可成群行动的特点使其能隐蔽执行特种任务，具备巨大军事潜力：一是携带传感器抵近危险区域探测；二是携带摄像头、麦克风等设备抵近目标区域侦察窃听；三是携带武器载荷近距离攻击特定目标；四是成为“披着羊皮的狼”，以温驯的外表为掩护，受控适时发起袭击。这些潜在应用，无论是战时还是平时都以非传统方式给对方形成极大安全威胁。“赛博格”技术用于人效增强，将突破人体的能力极限边界，打造未来“超级士兵”：视觉超出可见光谱，并能通过分析不同波长的图像而识别混杂环境中的目标；骨骼肌力量和敏捷度大幅提升；听觉范围扩大到次声和超声水平；脑机快速交互，用思维操控无人机或蜂群高效作战。未来战场上，“赛博格”技术或将成为改变力量平衡、变革作战方式的重要驱动力。

值得警惕的是，任何尖端技术都可能是“双刃剑”。一旦创造出的“赛博格”失去控制，可能给军队甚至整个人类社会安全带来灾难性后果。因此，必须在技术发展和应用上保持谨慎。

典型案例

TYPICAL CASE

美军“赛博格”蝗虫用于探测爆炸物

2020 年 8 月，美国圣路易斯华盛顿大学开发的“赛博格”蝗虫成功验证了探测爆炸物的能力，标志着近五年的研发项目取得重大突破。在海军研究办公室的资助下，研究人员把电极和信号传送器与蝗虫的神经系统相连，并通过算法训练它们识别气味。这种电子改造的“赛博格”蝗虫，能在不到 1 秒内区分 TNT、DNT、黑索今、太恩和硝酸铵等爆炸物及其位置。实验结果表明，单只“赛博格”蝗虫嗅探爆炸物的准确率为 60%，7 只的嗅探准确率达 80%。这些“赛博格”蝗虫可被遥控装置带至任务区域，部署后能在野外自我觅食生存多日，用于收集目标数据，将有潜力成为探雷犬和小型嗅探机器人的低成本替代者。该进展有力验证了用“赛博格”执行军事任务的可行性。

29 脑机接口

2015 年，美国军事网披露的一则运用意念操控物体的试验信息引起轰动。根据报道，此次试验由美国国防高级研究计划局（DARPA）主导，试验人员在一名 55 岁四肢瘫痪的妇女詹·苏伊尔曼（Jan Scheuermann）的大脑内植入电极，从而使她可以通过意念控制机械手臂，进而实现对 F-35 战斗机飞行模拟器的操控。这次试验于 2013 年完成，取得了空前成功，验证了 DARPA 脑机接口技术的重大突破。据 DARPA 透露，苏伊尔曼 2003 年因神经退化疾病而全身瘫痪，2012 年参与了 DARPA 项目，测试初期她能够用意念控制机械手臂进食巧克力、击掌、竖起大拇指，一年后她成功控制了 F-35 战斗机飞行模拟器。DARPA 通过植入式脑机接口，实现了大脑与机器的双向通信，为高效的人机交互提供了技术支持。

本质上讲，脑机接口是大脑和外部设备之间的一种信息交流和控制通道。通过这个通道，可以将大脑活动的信息直接采集和提取，并由此实现与外部设备的联通，也可以让外界信息直接传入大脑或直接刺激大脑的特定部位来调控其行为。按是否需要植入大脑进行分类，脑机接口主要分为植入式和非植入式两大类（或有创和无创），二者各有局限：植入式的更精确，可以编码更复杂的人脑命令，但手术创伤不可避免；非植入式虽然方便，无需开颅植入，但是能探测到的脑电信号范围和精确度有限。脑机接口主要涉及两大关键技术：一是可靠的神经接口技术，即如何能将人脑电波数据信息进行精确采集、处理和分析，并将其转化为机器输入指令，涉及神经科学、计算机、人工智能、传感器等多个领域；二是人机高效交互技术，即如何能将人的指令高效、持续、稳定地传递给机器系统，同时机器系统能够将反馈信息高效、持续、稳定地回传人脑。

通过植入式脑机接口，可以实现大脑与机器的双向通信，为高效的人机交互提供技术支持。

全球范围的脑机接口技术研究已开展多年，早在 1963 年的英国，就有科学家开始尝试此类研究。20 世纪 90 年代，美国率先提出“脑的十年计划”；欧盟成立了“欧洲脑的十年”委员会；日本政府宣布投入 200 亿美元实施“脑科学时代”计划，把“认识脑、保护脑、创造脑”作为脑研究三大目标。人脑大约有近千亿个神经元，是宇宙中已知最复杂的组织结构，因此前期对人脑和脑机接口的研究进展相对缓慢。近年来随着对大脑和神经的认识不断深入，加之电子与光学等领域技术的不断突破，脑机接口技术进展加快，人们已能够从结构、电子与化学多方面探究神经和大脑活动。21 世纪之初，美国开始探讨“脑机接口”技术军事应用，投入资金研究武器与人相互作用机理。2006 年，DARPA 启动了“革命性假肢”项目，尝试研发意念控制的仿生手臂。2013 年，美国、欧盟及我国分别启动了“脑计划”，更大规模的人脑研究在世界范围内展开。2014 年 5 月，“革命性假肢”项目研发的“DEKA 手臂系统”获得美国食品药品监督管理局审批上市。这种仿生手臂能够通过肌电信号执行 10 种特定的日常动作，效果接近自然手臂。2016 年 1 月，该项目的第二代——“卢克”手臂研发成功，截肢患者可通过大脑直接控制机械臂活动，而机械臂的信息反馈能让患者知道如何才能紧紧抓握住东西。人脑与机械臂之间实现了双向通信，这对于实现未来武器系统智能化奠定了重要基础。2017 年 7 月，DARPA 授出“神经工程系统设计”项目合同，研制能够连接百万级神经元的高带宽、高分辨率、双向通信植入式脑机接口系统。该项目一旦成功，将大幅提升脑机通信水平，扩展并开辟新的脑机接口技术应用领域。

脑机接口在军事领域具有极其广阔的应用前景，其未来发展将对武器装备使用与控制、战场通信乃至作战思想等产生深远影响。一是为战场伤员救治开辟新途径。利用基于脑机接口的神经假肢，可使肢体丧失功能的伤员恢复运动能力。二是未来战场上将出现各种脑控装备。作战人员只需通过意念就能对武器装备进行操作控制，形成人与装备的有机融合，实现“人机合一”，做到感知即决策、决策即打击。三是颠覆未来作战样式。战场空间将由传统的陆、海、空、天、电等拓展至认知域，制智权将成为战场获胜的关键。

知识链接

KNOWLEDGE LINK

脑机接口的核心技术

脑机接口的核心技术依赖于特征性神经信息的高效提取，并对采集到的信息进行解码和加工处理，包括信号预处理、识别分类、滤波和计算建模等，从而形成计算机指令输出信号，对脑机接口的输出端设备进行有效控制。从发展趋势看，脑机接口技术正由开环向闭环控制方向发展，其核心技术在于视觉、听觉和其他感觉信息编码调制及传导方式的解析与模拟。

软体机器人

随着智能科技的深入发展，机器人日益成为生产生活的重要组成部分。传统机器人结构刚性，环境适应性差，在特殊空间或崎岖狭窄地形运动受限。为了提高机器人在特殊环境的适应性，运动更为灵活的软体机器人（Soft Robot）应运而生。

软体机器人是仿生机器人研究的延续，设计灵感源于自然界的各种软体动物，如蚯蚓、章鱼、水母等，采用仿生学设计和强柔韧性材料制造，理论上具备无穷自由度和连续变形能力，可在大范围内任意改变形状、尺寸，能适应各种非结构化环境。软体机器人的基本原理是利用柔性材料制成本体结构，通过控制器智能调控材料刚度和连接节点，实现目标导向的自由运动。软体机器人技术主要涉及新材料技术、驱动技术和传感控制技术。新材料技术是软体机器人创新发展的核心所在，涉及形状记忆合金、液态金属、水凝胶、电活性聚合物、弹性体、颗粒介质、4D 打印智能材料等；驱动技术包括物理驱动、流体驱动和电磁驱动，其中物理驱动可由形状记忆合金、4D 打印智能材料等实现，流体驱动使用液体或气体来实现，电磁驱动使用压电材料或磁性材料来实现；传感控制技术包括算法、模型、致动器、传感器等。

近年来，随着材料、控制、驱动等技术的智能化发展，软体机器人逐渐成为一个新兴科技领域，受到美国、意大利、韩国、荷兰等国的重视。日本从 1989 年就开始软体机器人方面的研究。目前，美国在该领域处于领先地位。2011 年，美国塔夫斯大学在 DARPA 的支持下开发出软体机器人 GoQbot，该机器人酷似毛毛虫，由硅橡胶制成，由内置形状记忆合金线圈驱动。2016 年，美国哈佛大学开发出世界首个全软体机器人 Octobot，该机

软体机器人采用仿生学设计和强柔韧性材料制造，理论上具备无穷自由度和连续变形能力，能适应各种非结构化环境。

器人形似章鱼，由硅橡胶等多种柔性材料 3D 打印制成，采用化学反应产生的气体流体驱动，通过编程化学反应控制“手臂”运动，解决了无需电源和控制芯片而自主运动的难题，被称作是一项里程碑式的成果。除美国外，意大利科学家也研制出仿章鱼软体机器人和仿植物藤蔓的卷须状软体机器人。我国浙江大学、北京航空航天大学、中国科学院等也开展了相关研究，如浙江大学研制出软体机器鱼、北京航空航天大学研制出章鱼触手机器人等。软体机器人研究的基础是材料，现有材料大多难以满足要求，而新材料的研发过程又十分漫长。一旦研制出与驱动、传感等功能匹配的材料，将大大推动该领域的发展。

世界首个全软体机器人Octobat

意大利开发的卷须状软体机器人

软体机器人的军事应用受到高度重视。2007 年，DARPA 发布“化学机器人”（ChemBot）项目需求，希望开发一种能够按需改变尺寸和形状的灵巧机器人，携带有效载荷挤进或穿过小至 1 厘米的孔隙，可进入城市环境、隧道、洞穴和碎石场进行侦察和搜救。iRobot 公司、哈佛大学、麻省理工学院、塔夫斯大学参加了研究，GoQbot 机器人是标志性成果之一。2019 年，DARPA 推出“潜挖坑道者”（Underminer）项目，旨在研究快速挖掘窄小口径隧道网络的可行性，以实现安全有效补给。美国通用电气公司获得该项目资助，正在开发仿蚯蚓的软体机器人，目标是实现以 10 厘米 / 秒的速度，挖掘长 500 米、直径不小于 10 厘米的隧道。2022 年 3 月，DARPA 宣布该项目已经验证了快速构建战术隧道网络的可行性。美国陆军、海军等机构也开展了多项软体机器人技术开发研究。

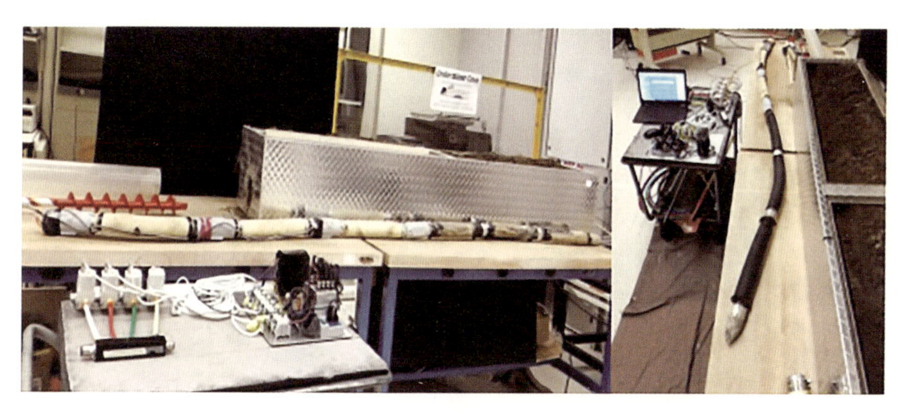

通用电气公司在“潜挖坑道者”项目下开发的软体机器人

软体机器人军事应用潜力大，已成为军用机器人发展的方向之一，将对未来战场产生重要影响。一是增强在战场的机动性和通过性，可轻易爬过洞穴、管道、岩堆、墙缝等，也可钻入土壤、机械、爆炸装置，破坏地下缆线和设备器件；二是提升情报侦察能力，进入人员难以到达的区域进行隐蔽侦察，如潜入洞壁裂隙、土壤浅层，匍匐在车辆下等；三是保证任务的隐秘性，软体机器人躯体柔软，与刚性物体碰撞接触无声响，无马达驱动，移动过程无声响，具有较少或没有电子元件，可躲避电磁探测设备跟踪；四是生存性较强，相比刚性机器人，软体材质在受到外界的机械冲击时不易受损，始终能够保持功能完整。值得注意的是，软体机器人优势在材料，弱点也在材料，通常对温度变化反应敏感，在极端温度环境下生存性有限。

知识链接

KNOWLEDGE LINK

人工肌肉

人工肌肉是软体机器人的重要技术支撑。人工肌肉融合特殊聚合物材料和智能材料，能在特定刺激下响应弯曲、拉伸、扭曲、收缩等，模仿真正肌肉纤维的功能。2017 年，美国麻省理工学院和哈佛大学在 DARPA 和美国国家科学基金会资助下，开发一种软体机器人“肌肉”。该人工肌肉由可压缩骨骼、流体介质和柔性皮肤组成。可压缩骨骼是多种柔性材料制成的内部骨架，流体介质为空气、水或其他流体；流体与可压缩骨骼一起密封在塑料或纺织袋内，这些真空袋称为柔性皮肤。向袋内注入或释放流体介质，压力的改变导致骨骼和皮肤伸展或折叠，产生抓、推等动作。实验表明，这种人工肌肉伸缩性达 90%，自重 2.6 克可抓起 3 千克物体，某些指标甚至超过天然肌肉。

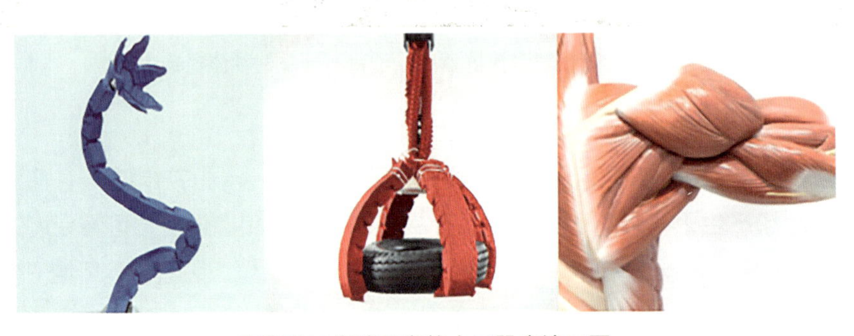

麻省理工学院开发的人工肌肉演示图

DNA 存储

随着互联网、物联网等技术的飞速发展和应用普及，人类产生的数据量呈爆发式增长，超大量数据对现有存储方式提出挑战。在这种情况下，DNA 存储技术成为近年来存储技术创新的重要方向并取得突破性进展。

DNA 存储是一种以 DNA 分子作为信息存储介质的新型存储技术。DNA 几乎存在于所有细胞中，每一个 DNA 分子都是由磷酸、糖以及富含氮的碱基构成，磷酸和糖提供结构支撑，碱基负责编码遗传信息。碱基有 A、C、G、T（英文名称首字母）四种。遗传密码就是这四种碱基按照一定的顺序进行编码的，1 克 DNA 分子中就包含数十亿代码信息。利用 DNA 存储数据的关键是把数字编码转化为化学编码，将“0”和“1”组成的二进制数字编码按照一定规则转换为定制的 DNA 碱基编码，然后再合成为具有相应碱基编码的 DNA 分子。DNA 存储的读取则是采用 DNA 测序技术实现，将 DNA 编码重新转换为二进制代码后再还原为数字信息。

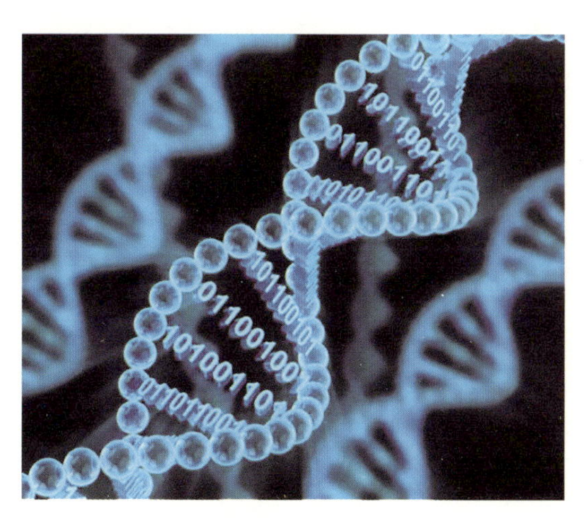

DNA存储构想图

利用 DNA 存储数据把数字编码转化为化学编码，对夺取信息控制权、决胜未来战场至关重要。

与当前主流存储技术相比，DNA 存储具有独特优势：一是存储密度高。DNA 分子体积小、可存储容量大，正常情况下，1 克 DNA 分子能存储 700 太字节的数据，相当于 1.1 万个 64 吉字节容量的 U 盘，1 毫克 DNA 分子可将美国国会图书馆所有书籍完全编码后仍绰绰有余。二是稳定性好。DNA 存储数据性能稳定，保存时间长，无需经常维护，且不涉及兼容问题。美国能源部桑迪亚国家实验室人员研究提出，可在 60 万年前的马遗骨中提取到可读的 DNA，且能够恢复数据。三是安全性强。DNA 存储利用 DNA 螺旋双链结构的复制过程实现信息的复制传递，环境相对隔离，过程复杂精密，不易受到外界的影响和干扰。

近年来，DNA 存储技术已受到电影公司、图书馆、档案馆等有长期信息存储需求机构的广泛关注，众多科研机构也纷纷对 DNA 存储技术展开研究，不断推动 DNA 存储技术的发展。2015 年，瑞士苏黎世联邦理工学院采用里德－所罗门纠错编码，利用溶胶－凝胶化学法将 DNA 分子封装在硅玻璃球内，在 9.4℃条件下，将 DNA 分子的理论存储寿命延长至 2000 年。2016 年，全球大型电影制作公司特艺集团联合哈佛医学院在 DNA 分子中成功无损存入并还原了一部大小为 22 兆字节的 MPEG 格式电影。2021 年 4 月，美国洛斯阿拉莫斯国家实验室，开发出自适应 DNA 存储编解码器，可将数字二进制文件转换为分子存储所需的四个字母遗传代码，以将大量数据存储在 DNA 分子中。国防和情报科研机构也进行了大量研究，DARPA 在 2017 年 4 月发布了“分子信息学”项目公告，寻求开发一种全新的数据存储技术，能够在分子和化学层面处理来自侦察、电子战、信号情报、持续监视等数据密集型军事应用领域的海量信息流。美国情报高级研究计划局在 2018 年 5 月也发布了寻求利用 DNA 存储海量数据的项目公告。总体来看，DNA 存储技术具有十分广阔的发展前景，但当前实际应用能力还十分有限，主要挑战是成本高昂、数据读写速度不够快等。

在军事领域，DNA 存储的未来应用前景广阔。随着信息化战争的发展，指挥控制、集群通信、定位导航、后勤保障等方面的信息呈井喷式增长，对数据存储与掌控能力提出更高要求。DNA 存储在数据高密存储、安全复制、高效传输等方面具有传统存储技术难以比拟的优势，对夺取信息控制权、决胜未来战场至关重要。

延伸阅读

EXTENSIVE READING

基因工程的常用工具

基因工程是在 DNA 分子水平上进行设计和实施的，又叫 DNA 重组技术。基因工程的成功实施需要基因工程工具的辅助才能实现，常用的基因工程工具主要包括限制性内切酶、DNA 连接酶、载体和 DNA 聚合酶等。限制性内切酶被誉为“基因的剪刀”，从原核生物中分离纯化得到，具有专一性，能够识别双链 DNA 分子的特定碱基序列，并使 DNA 分子从特定部位断开，获得具有所需碱基序列的 DNA 片段；DNA 连接酶被称作“基因的针线”，功能是缝合 DNA 分子；载体是“基因的运输车”，存在于质粒、噬菌体衍生物或动植物病毒中，能在受体细胞中复制并稳定保存，具有一至多个限制性内切酶切点，供外源 DNA 片段插入，还具有标记基因，可对重组 DNA 进行鉴定和选择；DNA 聚合酶来源于大肠杆菌，具有催化 DNA 分子合成的功能。

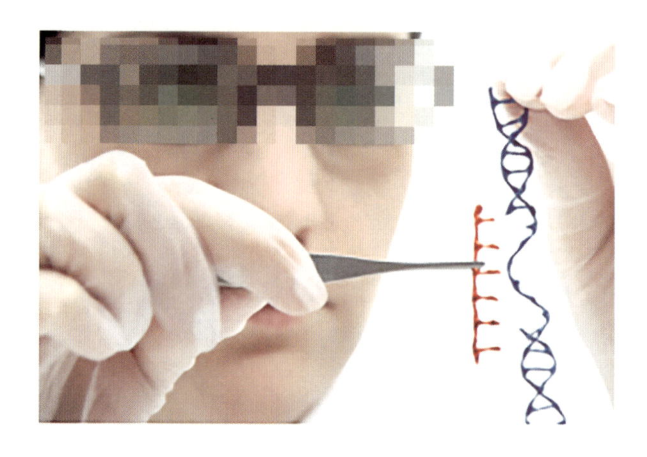

32 DNA 折纸术

DNA 是一种传递生命密码的神奇物质。DNA 折纸术（DNA Origami）不把 DNA 当作遗传物质，而是当作一种生物材料使用，将其看作一根柔软的“毛线”，通过与系列短链片段折叠、组装，就可像毛线一样被编织成所要的形状。DNA 折纸术是 DNA 纳米技术和 DNA 自组装领域的一项重大进展，在纳米机器人、生物工程等领域具有广泛的应用前景。

DNA 折纸术是 DNA 分子的纳米级折叠，可在纳米级上创建几乎任意的二维和三维形状。其基本原理是，在选择折叠物形状的基础上，用折叠的 DNA 长链分子形成形状的大体支架，再通过适当的 DNA 短链将其“钉”在一起。短链 DNA“钉”有两个分支，就像一个“V”字，将 DNA 长链和短链一起放入一种特制溶液处理后，短链两臂分别与 DNA 长链上的两个不同区域自动结合在一起，组合成预先设计的图案。

DNA 之所以可以按需求被折叠、组装，主要是因为它独特的双螺旋结构：两条平行、反向的单链之间按照精密的碱基互补原则相连接，A 与 T、G 与 C，就像一把钥匙配一把锁，具有唯一性和高度特异性。这些碱基的化

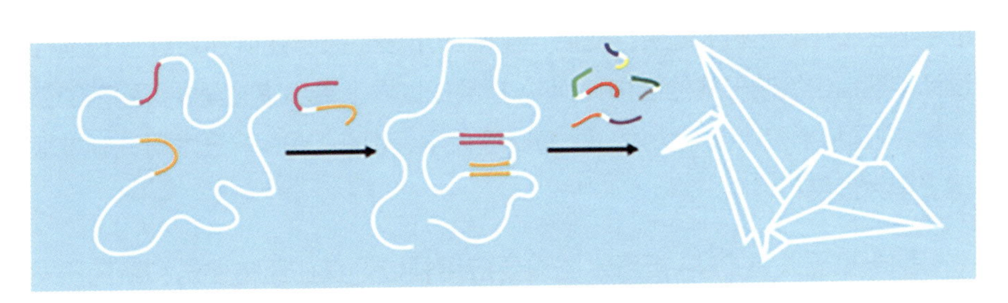

DNA折纸需要两种成分：支架和钉

DNA 折纸术是 DNA 纳米技术和 DNA 自组装领域的重大进展，随着技术和应用方向的拓展，可能引领一个新尺度的材料和技术革命。

学组成使得设计好 ATGC 排序的两条 DNA 单链，能在茫茫链海中找到彼此，紧紧结合，最终组成设计者想要的形状。

DNA 折纸术可以成为构筑复杂纳米结构的有力工具。就像在纳米尺度上玩"乐高积木"一样，可将各类无机纳米颗粒视作"积木单元"，把粘有特定序列 DNA 单链的纳米颗粒和做好的 DNA 框架放在一起，彼此互补的碱基就使它们自动、精准地组成基本单位——二维或三维的 DNA－纳米颗粒格子框架。无数个格子框架延伸开去，就可得到各种形状的纳米颗粒阵列。纳米颗粒阵列的几何形状和排列方式，决定了所得纳米材料的属性，就像晶体中原子的晶格排布那样决定材料光、电、磁的性质。这种方式可以生成理想中的百变智能材料，"百变"是因所选纳米颗粒和 DNA 框架具有近乎无限的扩展性；"智能"是因 DNA 碱基 A-T 和 G-C 的互补配对无需任何指导便自然发生。

2006 年，美国加州理工学院保罗·罗特蒙德（Paul Rothmund）教授在《自然》杂志上发表封面论文《利用 DNA 折纸术构建纳米级的形状和图案》，其中的"笑脸"证明长单链 DNA 可以以纳米级折叠形成各种形状，代表着二维平面上 DNA 折纸术诞生。此后，美国加州理工大学团队通过计算机编程设计实现自由绘制形式的结构，DNA 折叠成世界上最小幅的《蒙娜丽莎的微笑》。中国科学院、清华大学、上海交通大学等也在 DNA 折纸术研究领域取得了重大进展和成果。

纳米机器人是 DNA 折纸术的重要应用领域，其在药物递送和新药研发方面表现出巨大的潜力。比如在肿瘤治疗方面，研究人员可以利用 DNA 折纸术构建一个片状的纳米结构，然后把它折叠起来，通过自组装将凝血酶等治疗药物包裹在其内部空腔，使其与外界隔绝而处于非活性状态，形成一个药物载体。在这个载体的边缘，加载可以识别肿瘤的分子，这个药物载体到达肿瘤区域就会打开，把里面包载的药物释放出来，实现肿瘤的精准治疗。基于强大的活体运输和响应识别功能，作为智能化的给药平台，DNA 纳米机器人可进行多种药物的联合高效递送，有望对传统难以成药的物质（如毒素、蛇毒蛋白等）实现有效包载和智能递送，进而推动全新药物的开发，在纳米药物领域具有广阔的应用前景。

DNA 折纸术在信息存储和加密领域也有巨大潜力。如果将 DNA 当作硬盘使用，其对信息的存储效率将远超硬盘（500 万倍），节省空间且更加稳定。通过 DNA 折纸术集成后的 DNA 图案还可以包含空间位置排列、集成单元数量等信息，可大大提升 DNA 的信息承载能力。

DNA 折纸术开始出现时，只被看作一种概念“艺术”，但随着技术和应用方向的拓展，DNA 折纸术逐渐展示出广泛的应用潜力和发展前景，甚至可能引领一个新尺度的材料和技术革命。

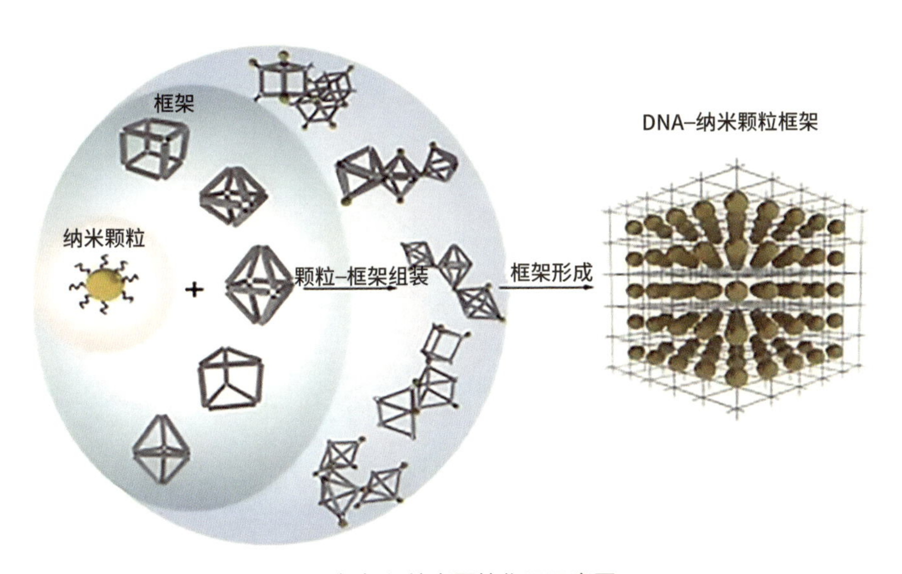

DNA框架与纳米颗粒作用示意图

知识链接

KNOWLEDGE LINK

DNA 自组装技术

DNA 自组装技术是一种遵循严格的核酸碱基配对原则，自下而上的分子自组装模式，由分子构造为起点，基于核酸分子的物理和化学性质自发地形成稳定结构。在 DNA 自组装技术中，DNA 链之间的比例对最终结果影响太大，需要多步实验和多次提纯。DNA 折纸术恰恰能解决这些问题，该技术由一根 DNA 长链作为主链，再加入许多短链引导着这根长链组装成预定的结构，即通过合理地设计碱基链来达成精密控制的纳米级复杂结构的目的。DNA 折纸术与传统的 DNA 自组装技术相比，所构建的图形复杂度可以高出数倍，且具有实验操作简单、流程化、反应速度快、条件要求低等优点，展现了非凡的自组装能力。

合成生物学

地球上的生命大都是自然形成的，然而一门崭新的交叉学科却颠覆了这一现象，这就是合成生物学（Synthetic Biology）。合成生物学打破了“自然”和“非自然”的界限，可以人工合成“新的、能独立存活的有机体”，为探索生命起源与进化开辟了崭新的途径。

与传统生物学通过解剖生命体研究其内在构造不同，合成生物学研究方向完全相反，其采用基因合成、编辑、网络调控等新技术，结合工程学理念，利用自然界中已有生物的元件，改造或者创造新的生命体，从而建立药物、功能材料、能源替代品等的生物制造途径。说到底，合成生物学的神奇之处，就是用工程化的理念 / 范式研究生物和生命，如同将不同配置的硬件组合在一起可以获得不同性能的计算机一样，将不同“生物组件”或“模块”进行重新设计、组装，以获得具有不同功能的生物系统。合成生物学的主要研究内容分为三个层次：一是利用现有的天然生物模块构建新的调控网络并实现新功能；二是采用从头合成方法人工合成基因组；三是人工创建全新的生物系统乃至生命体。

基因

带有遗传信息的 DNA 片段称为基因。基因记录和传递遗传信息，是决定生命健康的内在因素，人的生老病死都与基因有关。基因能够忠实地复制自己，以保持生物的基本特征，也能够突变，可能会导致疾病。随着生命科学的发展，人类对基因的研究越来越深入，产生了无性繁殖、基因编辑等相关技术。

合成生物学打破了“自然”和“非自然”的界限，可以人工合成“新的、能独立存活的有机体”，为探索生命起源与进化开辟了崭新的途径。

合成生物学是在现代生物学（包括分子生物学与基因组学）与信息技术高度发展（从生物信息到大数据）并逐步走向成熟的大背景下发展起来的。2000 年，美国科学家库尔在基因组学和系统生物学的基础上，引入工程学概念，重新定义了“合成生物学”，标志着合成生物学真正发展成为一门学科。2010 年，美国科学家克雷格·文特尔等人首次成功合成人工生命体，该实验的成功使“合成生物学”成为热门名词、广受关注。之后合成生物学快速发展，出现了非天然核酸、蛋白质从头设计、单条染色体酵母和大肠杆菌基因组全合成等一系列里程碑式的进展。2020 年，新冠肺炎疫情席卷全球，合成生物学界用先进技术迅速应对挑战，成为研发新冠疫苗、药物以及快速诊断方法的主要力量之一。

合成生物学研究正在成为各国争抢的科技高地，美国、英国等世界主要国家纷纷组织开展研究。美国是在合成生物学领域发展最快的国家，早在 2006 年，美国国家科学基金会资助哈佛大学等组建合成生物学工程研究中心，并在 2016 年该项目结束后成立工程生物学研究联盟。英国将合成生物学视为引领未来经济发展的 4 个新兴产业技术之一，并建立了 6 个合成生物学研究中心和 1 个产业转化中心，形成了优势互补的全国性研究网络。我国也将合成生物学列为战略性前瞻性的重点发展方向，设立了国家重点研发计划“合成生物学专项”。

与此同时，国防科技与安全领域对合成生物学的研究与应用也非常重视，美国国防部在 2013—2017 年科技发展“五年计划”中将合成生物学列为 21 世纪优先发展的六大颠覆性技术之一，认为合成生物学在军用药物快速合成、生物病毒战、基因改良、人体快速损伤修复等方面具有颠覆性应用前景。2014 年 4 月，DARPA 专门成立生物技术办公室，陆续开展“生命铸造厂”“安全基因”“昆虫联盟”等合成生物学领域项目。2020 年 10 月，美国国防部出资 8700 万美元支持生物工业制造创新研究所的建设，打造工业规模的“自然制造工厂”，希望利用合成生物学方法生产燃料等，为国防部带来创造性突破。

虽然合成生物学目前仍处于早期发展阶段，还面临基因组合成、工程化应用等一系列难题，但其军事应用前景十分广阔。未来，在军用医药开发、军用能源创新、军事环境治理等方面都将有新的应用前景。比如，在军用新能源开发上，合成生物学可以通过改造能够将二氧化碳转化为甲烷的细菌，使其成为专门生产甲烷的全新生物体。这样，未来战争中只需携带少量的合成生物，就可将空气中的二氧化碳源源不断地转化为生物能源，极大提高部队的机动性和作战范围。

合成生物学技术也是一把“双刃剑”，相关技术误用和谬用可能带来新的安全问题。一方面，合成生物学实验室操作的偶然失误可能会给环境和人类健康造成威胁，合成生物体一旦泄露到自然界，可能会引发生态灾难；另一方面，大部分合成生物体在实验室外会有何反应还不得而知，在自然界中可能发生变异和进化，其遗传物质还可能与其他生物发生交换，产生新的物种，对人类健康、生态环境等构成威胁。此外，用合成生物学技术可以制造出比目前人类已知的病毒和细菌更具毒性、更具传染性、更具耐药性的新品种，可能导致新型生物武器的产生，且难以预防、检测和监控。随着技术发展以及制造门槛不断降低，甚至一些蓄意滋事的“生物黑客”、恐怖组织都可能利用合成生物学手段，威胁社会或目标人群安全。

延伸阅读

EXTENSIVE READING

德、法科学家质疑 DARPA“昆虫联盟”项目用途

2018 年 10 月 4 日，德、法五位科学家在《科学》杂志刊文，认为 DARPA“昆虫联盟”项目可被视为研发敌对用途的生物制剂及其运载工具，可能违反《禁止生物武器公约》，将对经济、社会和生物安全产生深远影响。“昆虫联盟”项目于 2016 年 11 月启动，利用昆虫携带被称为“水平环境遗传改变剂”（HEGAA）的转基因病毒，直接在田间感染农作物并修改物种基因，影响农作物生长。“水平环境遗传改变剂”既可能带来益处，也可被视为潜在的生物武器。

34 化学合成机器

上百年来，在实验室利用试剂仪器反复进行反应、提纯、分析，依靠专家经验和人工试错获得目标产物，一直是合成化学研究的典型场景。这样的实验方式不仅失败率较高，而且容易引发安全事故，诺贝尔就多次在实验中受伤。实现化学合成自动化、智能化是化学家们长期以来的梦想。2020 年 7 月，《自然》杂志发表封面文章，报道了英国利物浦大学研发的可以像人一样进行化学实验的机器人，迅速引发国际科技界高度关注，被称为化学合成领域颠覆性技术。该研究表明，随着自动化、人工智能技术的发展，实现化学自动合成，即构造化学合成机器（Chemical Synthesis Machine），正在逐渐成为现实。

合成化学

合成化学是化学学科的基础和核心，它不仅可以合成出世界上已经存在的分子或物质，还可以合成创造出具有理想性质功能的新物质。通过与生命科学、材料科学、信息科学、能源科学、环境科学等学科的交叉融合，合成化学可以推动相关领域重大科学问题的解决，促进国家经济和社会发展。

通俗来讲，化学合成机器就是指具有设计、合成、分离、提纯、分析检测等多功能的自动合成化合物的设备，其主要组成包括化学数据、合成算法和自动化设备，实质是借助人工智能技术，利用海量实验数据和不断优化的算法，实现化学合成的自动化、智能化。化学合成机器是先进的数据密集型研究范式的典型代表，其颠覆性意义突出表现在两个方面。一方面，改变了

化学合成机器实质是借助人工智能技术，利用海量实验数据和不断优化的算法，实现化学合成的自动化、智能化。

化学科学的传统面貌，通过化学合成自动化，将研究人员从大量重复性工作中解放出来，使他们有更多时间从事创新性活动。另一方面，能够大幅提高人类研发新型功能分子和材料的效率，增强人类拓展未知科学疆域的能力。

2012 年，英国率先提出制造化学合成机器设想，随后美日等国也开展了相关研究。经过近 10 年的发展，化学合成机器已经出现了若干原型样机，主要有两种类型。一是自动化实验平台，将实验室仪器设备改造成适应自动化合成的反应平台，然后利用大量实验数据训练算法形成人工智能，以指挥反

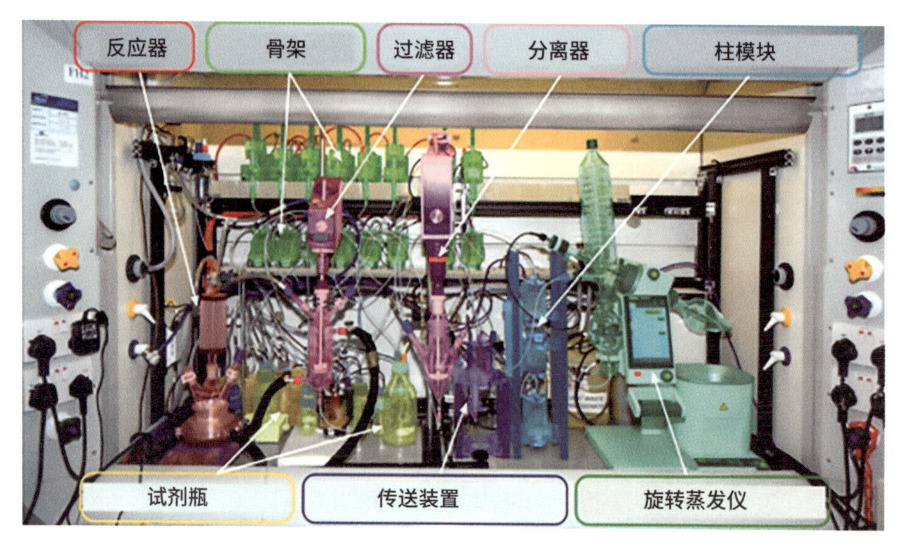

英国格拉斯哥大学研发的化学自动合成平台

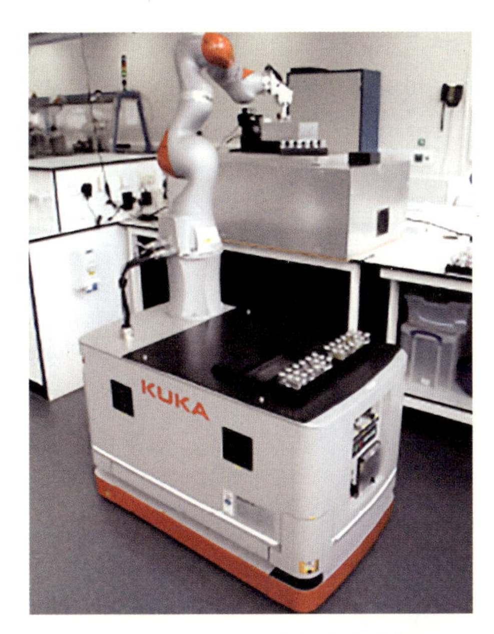

英国利物浦大学研发的化学合成机器

应平台合成目标化合物。该类型的代表有英国格拉斯哥大学开发的化学自动合成（ChemPU）平台、美国伊利诺伊大学厄巴纳－香槟分校研发的化学自动合成平台等。2020 年 10 月，《科学》杂志报道英国格拉斯哥大学设计了一套具有一定通用性的化学合成操作程序，该程序指挥 ChemPU 平台自动合成出利多卡因等 12 种有机物。二是英国利物浦大学研发的，可以像人一样从事各种实验操作的智能机器人。该机器人装载了实验操作程序和算法，可以自动进行装样、溶解、密封、催化实验、色谱分析等操作并自动优化反应条件，研发效率是人类的 50 倍。

化学合成机器目前处在研究试验阶段，已在药物合成领域显示出巨大价值。2016 年 4 月，美国麻省理工学院报道了其研发的小型全自动化学合成机器合成出盐酸苯海拉明、盐酸利多卡因、安定及盐酸氟西汀 4 种药物，产量为每天 810 ～ 4500 份制剂，品质均达到美国药典标准。2019 年 1 月，英国格拉斯哥大学报道其使用自动合成反应平台合成了 3 种药物，不仅产物收率和纯度达到人工合成水平而且大幅缩减了制备时间。2022 年 10 月，该大学研究人员又提出一种自主的化学合成机器人，可用于探索、发现和优化由实时光谱反馈、理论和机器学习算法驱动的纳米结构。此外，礼来、辉瑞、默克等制药公司也都开展了自动合成药物分子研究。

虽然化学合成机器为自动化、集成化地开发合成各种功能分子提供了便捷可操控的平台原型，但其智能化、精准化程度还有很大的提升空间。目前，化学合成机器所使用的数据量有限，大都基于课题组各自的积累，建立包含海量数据的高质量数据库，是化学合成机器实际应用需要解决的一个重要问题。利用算法设计突破人类专家的思维局限，从而预测全新的合成路径并优化复杂合成过程，是化学合成机器未来发展面临的重大挑战和技术难题。

化学合成机器的“双刃剑”效应需要关注。化学合成机器可以合成用于危险用途的化合物，包括用于恐怖活动的药物、制造化学武器的药物。DARPA 等机构设立“加速合成化学”等项目，积极支持化学合成机器研究，其目的和应用值得关注。

EXTENSIVE READING

DARPA
“加速分子发现”项目

2018 年 10 月，美国 DARPA 发布“加速分子发现”(Accelerated Molecular Discovery) 项目招标信息，要求集成数学、计算机科学、有机化学、化学工程、分析化学、过程工程 / 控制等领域专业知识，开发利用基于人工智能的自动化学合成技术，更快发现和制备具有特定功能的新分子。美国麻省理工学院、伊利诺伊大学厄巴纳 – 香槟分校以及加拿大、韩国等国的科研机构承担相关研究任务。截至 2021 年年底，该项目在数据驱动的研究路线优化、机器人通过视觉系统准确识别和操作实验仪器等方面取得了一定进展。

高超声速飞行器相比于传统亚声速或超声速飞行器，具有飞行速度快、探测难度大、突防能力强、打击能量高等显著优势。

35

高超声速飞行器

天下武功，唯快不破。高超声速飞行器以快著称，近年来受到主要军事强国的高度青睐，美国、俄罗斯等国都在竞相发展。俄罗斯在 2018 年总统《国情咨文》和胜利日阅兵中有意展现“匕首”等高超声速导弹，突显高超声速武器的大国重器地位。

“高超声速”（Hypersonic）一词由我国著名科学家钱学森在 1945 年首次提出。高超声速飞行器是指能够在距海平面 20 ~ 100 千米高度的临近空间依靠稀薄大气特性进行机动飞行，速度超过 5 倍声速的飞机、导弹、航天器等飞行器。按照工作原理和飞行特点不同，可分为有动力和无动力两类，无动力的高超声速武器一般指高超声速滑翔导弹，有动力可进一步分为三种：一是执行打击任务的吸气式高超声速巡航导弹；二是高超声速飞机，可执行快速投送、侦查等任务，且可重复使用；三是空天往返飞行器，飞行轨迹类似航天飞机，主要用途为向空间站等在轨航天器运输人员、物资等补给，以及对卫星等航天器进行捕获、干扰、回收等操作。

高超声速飞行器相比于传统亚声速或超声速飞行器，主要有四个显著的优势。一是飞行速度快，用于军用，理论上可在 3 小时内打击全球任何目标；用于民用，可在 3 小时内从南极飞到北极。二是探测难度大，高超声速飞行器速度快、通过时间短，导致防御雷达累积回波数量较少、不易被发现。三是突防能力强，即使被发现，地面防空武器系统也难以实现有效瞄准，传统拦截武器也追不上。四是打击能量高，即使不使用专用钻地战斗部，凭借自身动能也能实现对地下掩体的深度侵彻。

高超声速飞行器实现技术难度极大。一是高超声速推进技术，超燃冲压发动机需要在极短时间完成来流减速增压、燃料掺混及点火燃烧，如同"在飓风里点燃一根火柴并保持燃烧"。二是一体化总体设计技术，将飞行器机身与推进系统整体考虑，利用两者相互作用获得尽可能高的飞行器性能。三是高超声速空气动力学，飞行器在高速飞行时，空气处于高度湍流状态，需要克服扰动保持飞行器稳定，对控制提出了很高要求。四是结构材料技术，飞行中产生的剧烈气动热要求材料和结构抗烧蚀性、高效隔热性、结构轻量化等方面技术取得重大突破。

美国的 X-51A 是吸气式高超声速飞行器最典型的成果之一。为打击各种稍纵即逝的时敏目标，美国提出在 1 小时内甚至数分钟内作出反应，并用高超声速武器实施致命打击的需求，X-51A 计划应运而生。在第 4 次试飞中，

B-52H轰炸机挂载X-51A试飞器

由 B-52H 轰炸机投放的 X-51A 在 20 千米高度（约等于现役战斗机升限）实现了 6 分钟连续飞行 426 千米的纪录，最大速度相当于“战斧”巡航导弹的 6 倍。此后，X-51A 的技术与经验被广泛应用于美国各类高超声速飞行器的研发上，尤其在推进系统相关技术上提供了关键性的支撑。

高超声速飞行器近年来发展迅猛，伴随着以动力为代表的一系列关键技术的突破，发展方向也逐渐变得清晰。未来，一方面将加速武器化进程，形成不同弹道形式、多种射程的高超声速导弹家族；利用高弹道实现更高速度（20 倍声速或更高），将打击时间缩至最短；利用低弹道增加隐蔽性能，将突防效率提至最高。另一方面将以并行方式发展可重复使用的高超声速飞机，包括多种组合动力形式并行研发、军民通用飞机并行开发等，缩短研制进程。在可见的将来，高超声速飞行器实现全面武器化、装备化后，将在战场上起到“杀手锏”作用。可想定如下场景：探测系统发现目标后，在数据链提供的信息引导下，执行战斗值班任务的高超声速飞机迅速抵达指定地点并投送高超声速导弹，随后导弹经过高速机动突防不断抵近目标，最终完成对目标的毁伤，整个过程在几十分钟甚至几分钟内完成，高效快速的打击手段将使作战样式与战法发生质的改变。

36 超燃冲压推进

高超声速武器具备改变未来战争形态的潜力，其中吸气式高超声速巡航导弹在任务灵活性、末段机动性、平台适应性等方面具备独特优势，已成为美俄等大国竞争的焦点。超燃冲压推进是吸气式高超声速飞行器的核心技术，其内涵由“冲压”与“超燃”两部分构成。

冲压推进的概念由航空涡轮推进演化而成，发动机依次通过进气道—压气机—燃烧室—涡轮—尾喷管，完成吸气—压缩空气—燃料喷注与燃烧—膨胀做功—排气过程。当以较低速度（马赫数 0 ~ 3）飞行时，空气压缩工作需要由燃气驱动涡轮、涡轮联动压气机旋转来实现；当飞行速度进一步提

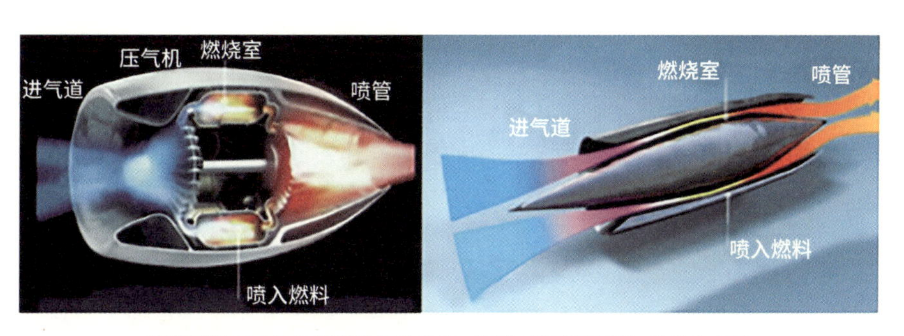

航空涡轮发动机与超燃冲压发动机（回转形气流通道）的结构差异

航空涡轮发动机

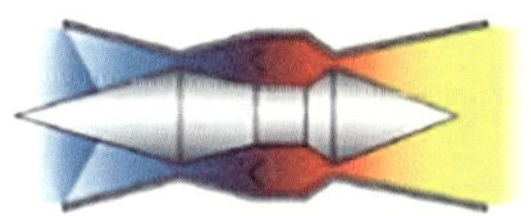

亚燃冲压发动机

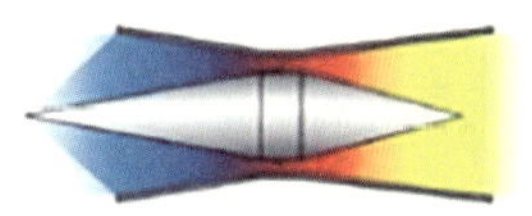

超燃冲压发动机

航空涡轮发动机向超燃冲压发动机的演化

超燃冲压推进是吸气式高超声速飞行器的核心技术，将帮助人类实现全球快速到达与空间自由进入。

高，进气道通过内部激波系就能提供足够的压缩比、完成空气压缩工作，此时压气机及涡轮组件就变得冗余，将其去掉后不仅能使发动机结构极大简化，也能使推进效率显著提升（由于燃烧释放的能量不再需要驱动涡轮，因此能更多转化为发动机推力），这就是冲压发动机的基本原理。可以看出，冲压发动机并不能在地面启动，需要采用其他动力形式将飞行器推至速度马赫数 2 ~ 3 以上之后再行启动。

超燃是描述燃烧状态的概念。由于能量守恒，吸入冲压发动机进气道内的空气在被压缩时流速也将降低，如果压缩后的空气流速能够降至亚声速（小于马赫数 1），以亚声速流入燃烧室、进行燃料掺混与燃烧，就称为亚燃（亚声速燃烧）；如果飞行速度过高，则将空气压缩至亚声速会导致能量损失过大而难以形成足够推力，因此要使空气压缩后仍以超声速（大于马赫数 1）进入燃烧室，就称为超燃（超声速燃烧）。研究表明，飞行速度马赫数 3 ~ 6 时亚燃冲压推进方式效率最高，超过马赫数 6 时超燃冲压推进就是最优选择。事实上为使飞行速域更宽，面向实用的超燃冲压发动机均具备在亚燃与超燃两种模态之间切换的能力，技术上称为双模态冲压发动机更为恰当。

超燃冲压推进技术涉及学科众多，是超声速燃烧、先进燃料、热防护、飞行器 / 发动机一体化、地面与飞行试验等一系列高难技术的集成。以超声速燃烧为例，目前的超燃冲压发动机，空气在燃烧室内的平均流动时间仅在千分之一秒量级，不及人类一次眨眼时间的百分之一，需要在如此短时间内完成燃料的喷注、掺混、点燃、火焰传播，实现预期的稳定燃烧，极其困难。

自 20 世纪 60 年代至今，美国对超燃冲压发动机的研究已超过半个世纪，取得了丰硕的成果。2004 年采用氢燃料超燃冲压推进的 X-43A 飞行器达到了马赫数 9.8 的速度纪录，验证了超燃冲压推进原理可行性。2013 年采用碳氢燃料超燃冲压推进的 X-51A 飞行器实现了 240 秒有动力飞行，最大速度达到马赫数 5.1，验证了超燃冲压推进工程可行性。在研的导弹项目“高超声速吸气式武器概念”（HAWC）进展顺利，2023 年 1 月，DARPA 宣布该项目成功完成最后试验，标志着历时 10 年的高超声速巡航导弹技术研发已经完成，将转入型号研制阶段。2019 年美国以飞机为应用对象的中等尺寸超燃冲压发动机也开展了关键部件地面试验。俄罗斯拥有先进的超燃冲压推进技术能力，早在 1991 年苏联就开展了超燃冲压发动机飞行试验，近年俄采用超燃冲压动力的“锆石”反舰导弹已进入密集试射阶段。2021 年 10 月，俄海军从水下成功试射一枚“锆石”导弹。导弹从位于水下 40 米处的核潜艇上发射，在飞行 350 千米后精确命中预定目标。此项试射验证了“锆石”导弹的潜射作战能力，未来“锆石”或将成为国外首型服役的高超声速巡航导弹。

未来，采用超燃冲压动力的高超声速巡航导弹飞行速度将达到当前主力巡航导弹（如“战斧”）的 6 倍以上，能以极高概率实现突防，在十几分钟内奔袭上千千米并摧毁目标。采用组合循环动力（超燃冲压与其他动力形式组合）的高超声速飞机与空天飞行器还将帮助人类实现全球快速到达与空间自由进入。

延伸阅读

EXTENSIVE READING

组合循环推进

超燃冲压推进是目前大气层内高超声速巡航飞行最适合的动力形式，但超燃冲压发动机无法零速启动，也不能在没有大气的太空中工作。因此，自主起降的高超声速飞机、在太空自主动力飞行的空天飞行器等，需要在超燃冲压动力基础上引入其他动力形式——一般以应用于航空领域、可在地面静止或低速飞行时工作的燃气涡轮动力，以及应用于航天领域、可在全速域和太空内工作的火箭动力为主。同时具备超燃冲压与其他动力形式的推进方式就称为组合循环推进。目前较为典型的组合循环推进模式有涡轮基组合循环（TBCC）、火箭基组合循环（RBCC）等，按不同动力形式间是否共用气流通道又可分为并联式（独立流道）与串联式（共用流道）。还有同时包含上述三种动力形式的组合循环推进模式，如美国的三喷气（TriJet）发动机。英国研制的佩刀（Sabre）组合循环发动机开辟了独特的技术路线，该发动机利用创新性的预冷系统可将1000℃的高速空气来流在0.01秒内降温至0℃或更低，使涡轮组件能在更高飞行速度下工作，从而使不同动力形式之间具备良好的动力衔接，已得到欧美的高度关注。

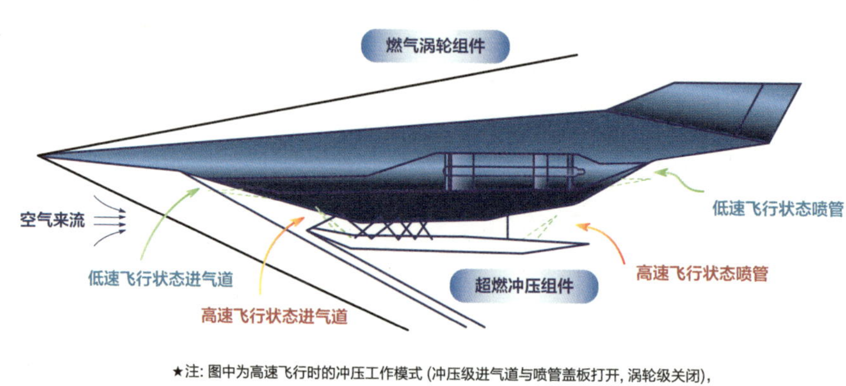

★注：图中为高速飞行时的冲压工作模式（冲压级进气道与喷管盖板打开，涡轮级关闭），虚线为低速飞行时的涡轮工作模式（涡轮级进气与喷管盖板打开，冲压级关闭）。

并联式TBCC推进系统示意图

37 爆震推进

爆震推进（Detonation-based Propulsion）属于先进的新型空天推进形式。自然界中存在着两种燃烧方式，分别是缓燃燃烧和爆震燃烧。人们熟知的烛火、燃气灶的火苗等都属于缓燃燃烧。它通常以每秒几米到几十米的速度燃烧可燃物，维持火焰的传播，放热速率较慢。传统化学推进（如航空涡轮发动机、重型燃气轮机、导弹发动机、火箭发动机等）就是采用这种燃烧方式释放出燃料的化学能来工作；而爆震燃烧的火焰前锋紧邻位置，有一个与火焰一起传播的激波结构，好似在缓燃火焰前自带了一个“压气机”。因为激波猛烈地压缩可燃混合物使其压力、温度急剧升高，从而可以瞬间完成燃烧放热，释放的热反过来又推着激波继续压缩，因而激波与火焰能在可燃混合物中共存传播，使得爆震燃烧的传播速度达到千米每秒量级，是真正的超声速燃烧。汽车里的“敲缸”、炸药爆炸的初期都有爆震燃烧的影子。因为学科的不同，有时候“爆震”也被称为“爆轰”。

▲
激波

飞行器与来流相对速度超过声速就会形成激波。激波后方气体温度、压力显著升高，流速降低。激波会对飞行器产生阻力，但其压缩作用也可对来流空气进行有效增压，提高吸气式发动机热循环效率。战斗机超声速飞行时，地面感受到的“音爆”，就是由机头切割超声速气流形成的激波所引发的。

爆震推进通过燃烧模式的革新，使发动机推进性能更优，可能引领一个全新的空天飞行时代。

发动机燃烧室中的缓燃燃烧变成爆震燃烧，传统的化学推进就可变成爆震推进。多数情况下，航空航天发动机的性能随着油气压缩比增大而提高。若以爆震这种类似于爆炸、放热更快的方式在燃烧室中组织燃烧，发动机消耗等量的油气可以比传统航空航天发动机产生更大推力。爆震推进通过燃烧模式的革新，缩短了燃料在燃烧室内燃烧停留的时间和距离，从而使发动机结构更紧凑，运行范围更宽，推进性能更优。目前基于爆震推进技术的发动机类型主要包括脉冲爆震发动机、旋转爆震发动机和斜爆震发动机。

脉冲爆震发动机是一种利用脉冲的爆震波产生周期性冲量的爆震推进系统。简单来说，脉冲爆震发动机可视为在一根管子内先填充油气，然后关闭进口，火花塞点火形成爆震燃烧，之后高温燃气通过喷管膨胀加速产生推力。这就好比田径场上的“百米跑”，一个脉冲就是一个完整的进排气产生推力的冲刺。脉冲频率是一个关键指标，提高脉冲频率能够在一条赛道上让更多人前后脚出发参加“百米跑”，从而减小脉冲爆震发动机工作的喷气间歇性，提高工作性能和推力稳定性。有两种办法可提高频率，一是提高单管脉冲爆震发动机的脉冲频率，二是将多个单管脉冲爆震发动机并联为多管脉冲爆震发动机。但脉冲爆震发动机每个脉冲都需要点火，存在一定点火失效的风险。

爆震燃烧不仅可以脉冲式工作，也可以连续工作，旋转爆震发动机就是一种采用连续爆震燃烧的推进系统，也是目前最热门的爆震推进形式。它的燃烧室通常为同轴圆环腔结构，油气混合物从发动机前方进入燃烧室，只需一次点火，爆震燃烧在环腔头部很短区域内沿圆周每秒钟“绕圈跑”数千到上万圈，并产生稳定推力。理论上旋转爆震发动机还可以通过调整爆震燃烧区的个数、高度等参数来适应较宽范围的来流条件。其典型的技术特征：连续供油、供气；一次点火起爆；燃烧室长度为厘米量级；连续排气，推力连续，工作频率可达千赫量级。这类发动机有旋转爆震火箭发动机、旋转爆震冲压发动机、旋转爆震涡轮发动机三类基本实现形式。旋转爆震冲压发动机能够助推 2.5 ~ 6+ 倍声速、10 ~ 30 千米高度范围的高速飞行（速度约为 2700 ~ 6480 千米 / 小时），理论上比现有该速域内的传统冲压发动机性能显著提高，在三类旋转爆震发动机中最被看好。

为追求更高飞行速度和飞行高度，研究人员在超高速飞行条件下用一个斜劈将爆震燃烧“拴”住，形成“踏步跑”的爆震燃烧，这就构成了斜爆震发动机。这类发动机结构形式与传统超燃冲压发动机相似，均与飞行器一体化设计。向进气道内的超声速气流中提前喷注燃料形成可燃混气，在燃烧室入口用斜劈产生斜激波“压气机”来诱发产生倾斜的爆震燃烧区，可燃混气在极短的时间和距离内经爆震燃烧烧完，随后通过喷管膨胀加速产生推力，因此斜爆震发动机的燃烧室可以更短，这既能大幅降低热防护需求，也能减小发动机的内部阻力。明显的技术优势使斜爆震发动机能够在 7 ~ 12 倍声速或更高速度下高效工作，满足 10 倍声速级高超声速武器装备或无人飞行器的动力需求。

在爆震推进研究中，脉冲爆震推进研究开展较早，但工程应用面临大量技术瓶颈，目前进展不大。近年来爆震推进的研究重点集中在旋转爆震领域，美、俄、波、法、德等国竞相开展研究，美国航空航天局把爆震推进列为三大全新概念（REVCON）项目之一，目前，旋转爆震发动机技术成熟度已达 5 ~ 6 级。2020 年美国空军在重点项目“经济可承受任务先进涡轮技术”中新增旋转爆震发动机研究，并将其列为“绝对拥有最高优先级”的动力。2016 年俄罗斯科研机构成功完成煤油燃料旋转爆震发动机测试。欧洲导弹集团已实现煤油 / 氢气混合燃料的旋转爆震燃烧，正在与空客合作研发 300 毫米直径尺寸的旋转爆震冲压发动机。

爆震推进目前还存在若干关键技术难点，如宽速域、宽空域的爆震燃烧组织与模态转换问题，旋转爆震燃烧的非定常特性与发动机进排气系统耦合设计，高容热强度的爆震燃烧室的热管理技术等。随着研究的深入，爆震推进正逐步由机理研究向工程应用研究迈进，由气态燃料 / 氧气混气向液态碳氢燃料 / 空气混气转变，由单一类型爆震推进向多类型组合（比如旋转爆震火箭与旋转爆震冲压组合等）爆震推进转变。

正如喷气发动机的问世打破了航空动力技术原有格局一样，爆震推进技术的成功将可能引领一个全新的空天飞行时代。爆震推进可为未来低成本高速精确制导武器、宽速域大机动作战平台、高性能空天飞行器等提供优质动力，可形成从低速到高速的完备动力体系，实现推进装置的更新换代。此外，爆震推进也有望与其他动力形式配合使用，作为轨道飞行器、动能拦截器等的动力系统。

延伸阅读

EXTENSIVE READING

“英仙座”超声速导弹系统

法国欧洲导弹集团（MBDA）公司在 2011 年巴黎航空展上公布了其 CVS401“英仙座”多用途导弹系统远景概念项目，该系统从 150 个技术概念构想中筛选得到，目标是替代现有的重型反舰和巡航导弹，抢占 2030 年之后乃至更远期的导弹武器市场。

“英仙座”导弹系统较现有导弹具有诸多创新之处，其中推进系统采用吸气式冲压连续旋转爆震发动机是其最大创新点之一。“英仙座”采用旋转爆震发动机后，长度仅 5 米，质量 800 千克，但有效载荷高达 200 千克，能以最高马赫数 3 的速度飞行 300 千米。

“英仙座”导弹构想图

蜂群作战概念受自然界蜂群、鸟群、鱼群等集群现象启发，主要意图是利用“群起而攻之”的办法，达成作战目的。

38

蜂群作战

近年来，随着无人系统技术的快速发展，受自然界蜂群、鸟群、鱼群等集群现象启发，美军推出蜂群作战概念，主要意图是利用“群起而攻之”的办法，达成作战目的。比如，“蜂群”同时发起进攻将使对手的防线不堪重负，只要有部分突破防线的漏网之“鱼”，就能消灭目标。

作为一种特殊作战样式，蜂群作战通常由一群自动联网的小型无人系统组成，实施集群协同作战，可以完成情报、监视与侦察（ISR），电子对抗，甚至精确打击等任务。组成蜂群的无人系统可以是无人机，也可以是无人地面车辆、无人水面艇、无人潜航器等。蜂群作战具有以下特点：一是数量多，作战单元数量可达数十甚至上百个；二是个体小，作战单元体积小、重量轻，属小型无人系统；三是网络化，作战单元间形成自组织网络，实时交互共享信息；四是相对成本低，便于大量使用。

蜂群作战是无人系统集群的一体化行动，主要基于4个方面的技术能力：一是具有稳定且覆盖广泛的信息网络，形成高速、实时的信息交互与共享能力，战场状态与指挥控制信息均能实时、精确和连贯地传输；二是较强的抗干扰能力，能够有效预防和迅速处理影响内部通信的破坏活动，确保编队协同能力不被严重削弱；三是较强的自组织自适应能力，分散的作战单元具有协同作战能力，在部分单元发生故障或遭到破坏时，其他单元会补充并继续发挥功能；四是成熟的布放与回收能力，受续航力所限，无人蜂群需要由大型平台等实施布放，非一次性的还要在任务结束后能够回收。

目前，美国国防部战略能力办公室（SCO）、DARPA，以及空军、海军等相关机构，围绕蜂群作战开展了大量演示验证项目，不断向实战化方向迈进。2016 年 6 月下旬，美国海军在 40 秒内连续发射 31 架“郊狼”无人机，开展了一系列“蜂群”编队和机动试验。DARPA 正在开展“小精灵”项目，利用 C-130 运输机投放小型无人机蜂群，这些无人机携带侦察与电子战载荷，可对敌方防御系统实施饱和攻击。2022 年，“小精灵”项目继续开展第四阶段研发，重点发展单机自主、蜂群自主协同、蜂群管理等技术。

总体上看，当前正在开展验证的蜂群作战能力还十分有限。虽然随着战场环境的日益恶化、无人系统自主能力的逐渐提高，蜂群作战概念的影响和应用会不断扩大，但其发展也还面临一些难题，比如，如何将无人蜂群投送到目标区域上空、如何进行战术应用等。

DARPA“小精灵”项目概念设想图

典型案例

TYPICAL CASE

美国海军 网络直播无人蜂群作战

2017年1月7日，美国《60分钟时事杂志》节目直播了美军最新空射无人机蜂群作战演示。视频中，三架美国海军F/A-18F“超级大黄蜂”战斗机从加利福尼亚州的海军“中国湖”靶场上空呼啸而过，每架战机携载两具圆柱形容器，从容器中散播出微小的黑色胶囊。当胶囊下落到一定高度后便打开降落伞稳定姿态，然后胶囊打开，从中飞出一架微型无人机。这些微型无人机能够互相发现队友并形成蜂群队形，朝着任务目标扑去。此次共投放了104架微型无人机。这些微型无人机机身展开前与一部iphone手机大小相近，为3D打印制造，价格便宜，重约454克。此次试飞证明了微型无人机的蜂群作战能力。

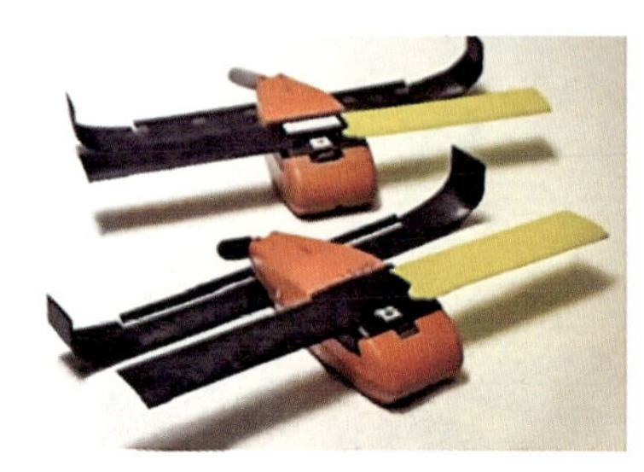

微型无人机